"十二五"职业教育国家规划立项教材

U0881260

Maya建模

钟晓敏◎主编
史文萱 王晓青◎副主编

清華大學出版社
北京

内容简介

本书依据教育部颁布的《中等职业学校美术设计与制作专业教学标准》编写而成。全书共四个模块："基础建模"是学习三维建模的起步，主要让学生了解软件的界面以及基础工具的使用和快捷操作；"中级建模"是综合案例制作的第一步，是检验前期基础建模学习情况的最佳措施，也是提升学生综合能力的重要阶段；"NURBS 建模"是 Maya 建模学习的另一个独立部分，是工业建模的最佳建模方式；"高级建模"是综合所有建模形式和美术基础能力的模块，将造型、软件制作、创意能力等结合于一体，提升个人动画制作的综合能力。

本书可作为中职美术设计与制作、工艺美术等艺术设计类专业的教学用书，也可作为动画爱好者的自学用书。

图书在版编目(CIP)数据

Maya 建模/钟晓敏主编. —北京：清华大学出版社，2017（2020.5重印）
ISBN 978-7-302-43498-6

Ⅰ. ①M… Ⅱ. ①钟… Ⅲ. ①三维动画软件－中等专业学校－教材 Ⅳ. ①TP391.41

中国版本图书馆 CIP 数据核字(2016)第 078099 号

责任编辑：王剑乔
封面设计：牟兵营
责任校对：李 梅
责任印制：宋 林

出版发行：清华大学出版社
网 址：http://www.tup.com.cn，http://www.wqbook.com
地 址：北京清华大学学研大厦 A 座 邮 编：100084
社 总 机：010-62770175 邮 购：010-62786544
投稿与读者服务：010-62776969，c-service@tup.tsinghua.edu.cn
质量反馈：010-62772015，zhiliang@tup.tsinghua.edu.cn
课件下载：http://www.tup.com.cn，010-62770175-4278
印 装 者：三河市铭诚印务有限公司
经 销：全国新华书店
开 本：185mm×260mm 印 张：9.25 字 数：211 千字
版 次：2017 年 2 月第 1 版 印 次：2020 年 5 月第 2 次印刷
定 价：39.00 元

产品编号：064740-02

丛书编委会

前　言

Maya 建模是艺术设计类专业教学体系中重要的专业课程之一。本书根据教育部颁布的《中等职业学校美术设计与制作专业教学标准》，结合中职学生的学习特点以及实际岗位需求进行编写。

本书具有以下几个特点。

（1）采用模块化结构编写。以任务驱动为导向，从培养学生兴趣入手，让学生在“做中学，学中做”，使得教、学、练、创融为一体，丰富、完善和拓展教学方法，构建了一个开放、动态、有序的综合训练体系，也为广大师生营造了自主、互动、愉快的教学环境。

（2）对每个任务设定明确的训练目标和考核评价，使学生清楚“我在做什么”“我要怎么做”和“我做了什么”，这对学生专业素养的培养和后续发展都有重要意义。

（3）本书遵循“宽基础、重技能、活模块”和以提高能力为宗旨的原则。针对中职学生学习三维动画建模的需求，在内容上进行优化，主要集中在多边形基础建模和中级建模并有效结合专业拓展知识；兼顾了不同中职学校、不同专业、不同层次学生的学习要求，由浅入深、循序渐进地帮助学生掌握和巩固 Maya 建模知识。同时，本书充分发挥图片的直观性，并提供了部分学生作业，使之易教易学，注重学生对方法的领悟、技巧的掌握和能力的提高。

本书共分四个模块：“基础建模”是学习三维建模的起步，使学生了解软件的界面以及基础工具的使用和快捷操作，结合作者 10 年的学习制作和教授经验来传授相关知识；“中级建模”是综合案例制作的第一步，是检验学生前期基础建模学习情况的最佳阶段，也是提升学生综合能力的重要阶段；“NURBS 建模”是 Maya 建模学习的另一个独立部分，是工业建模的最佳建模方式；“高级建模”是综合所有建模形式和美术基础能力的模块，将造型、软件制作、创意能力等结合于一体，展现个人的动画制作能力。

本书由钟晓敏主编，王晓青、史文萱任副主编。具体分工如下：模块 1、模块 2 和模块 4 由钟晓敏编写，模块 3 由钟晓敏、王晓青、史文萱共同编写。

由于编者水平所限，书中难免存在疏漏和不足之处，希望广大读者批评指正。

编　者

2017 年 1 月

本书素材.rar（请扫描下载）

目录

模块 1

基础建模

多边形(Polygon)建模是 Maya 建模的基础,也是当今最流行且应用最广泛的一种建模方式,多边形建模可以使用相对较少的编辑命令创建复杂的物体模型,理论上来讲,任何形状的模型都可以运用多边形建模方式产生。

多边形是指由多条边组成的封闭图形,而多边形模型是由许多小的平面所组成的,这些组成多边形模型的平面又被称为"Face(面)"或"Poly(多边形)"。一个完整的多边形模型往往由成百上千的多边形面组成,编辑的形状越复杂,所要用到的多边形面就越多。

任务 1.1　基础创建——使用 Create(创建)命令制作球体

使用 Create(创建)命令制作球体,如图 1-1 所示。

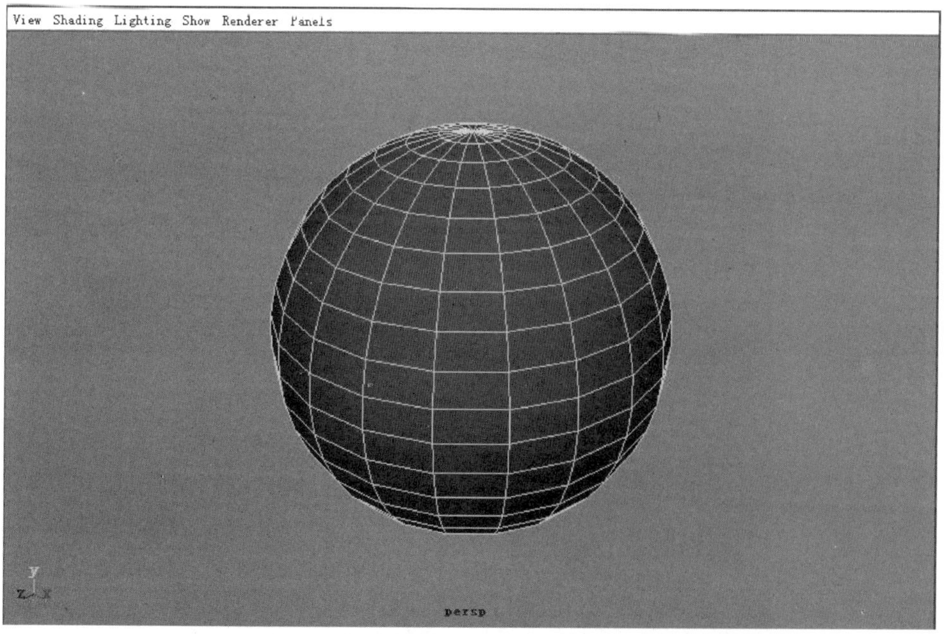

图 1-1　球体

在各类三维电影动画中，三维建模师们需要设计各种各样的场景、道具。这些三维模型大部分是用 Polygon 建模完成的。

【任务分析】

1. 制作分析

(1) 使用 Create(创建)命令创建一个球体。

(2) 使用 Create 命令完成球体属性变化。

2. 工具分析

(1) 使用 Create|Polygon Primitives(多边形基本体)|Sphere(球体)命令，通过单击拖动在视图中绘制一个球体。

(2) 使用 Sphere 属性级别，对球体变换进行多种基本属性调节，修改球体的形体和位置。

(3) 使用 Sphere 创建属性命令，对球体细分线段数进行调节。

3. 学习目标

通过本任务的制作，要求掌握如下内容。

(1) 使用 Create|Polygon Primitives|Sphere 命令可以制作各种形体的球体。

(2) 学习 Sphere 属性命令。

(3) 通过拓展练习能够使用 Create(创建)命令制作圆底圆柱体。

【任务实施】

(1) 新建项目。单击 File(文件)|Project Window(项目窗口)命令，打开 Project Window 属性窗口，在窗口中指定项目名称 Current Project(当前项目)和位置 Location(位置)，单击 Accept 按钮完成项目目录的创建，如图 1-2 所示。

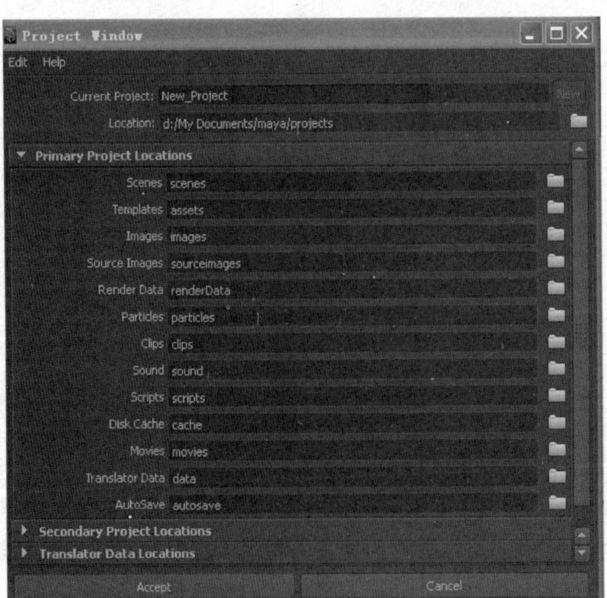

图 1-2 创建项目目录

(2) 单击 Create|Polygon Primitives|Sphere 命令,如图 1-3 所示。

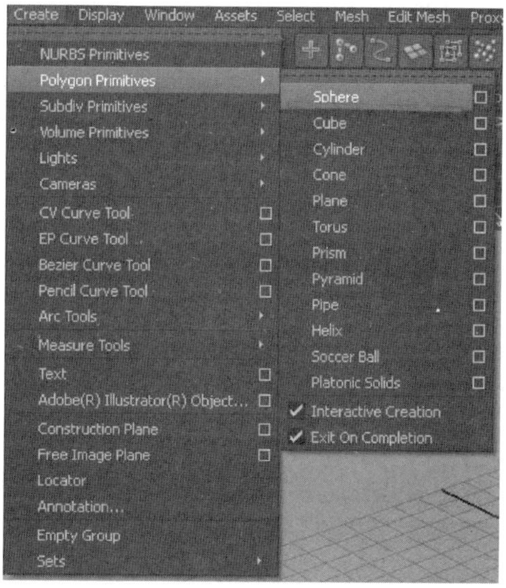

图 1-3 执行创建球体命令

(3) 在透视图中创建球体。通过拖动调整球体的位置以及半径大小,按数字键 5,将创建的球体对象以实体方式显示,如图 1-4 所示。

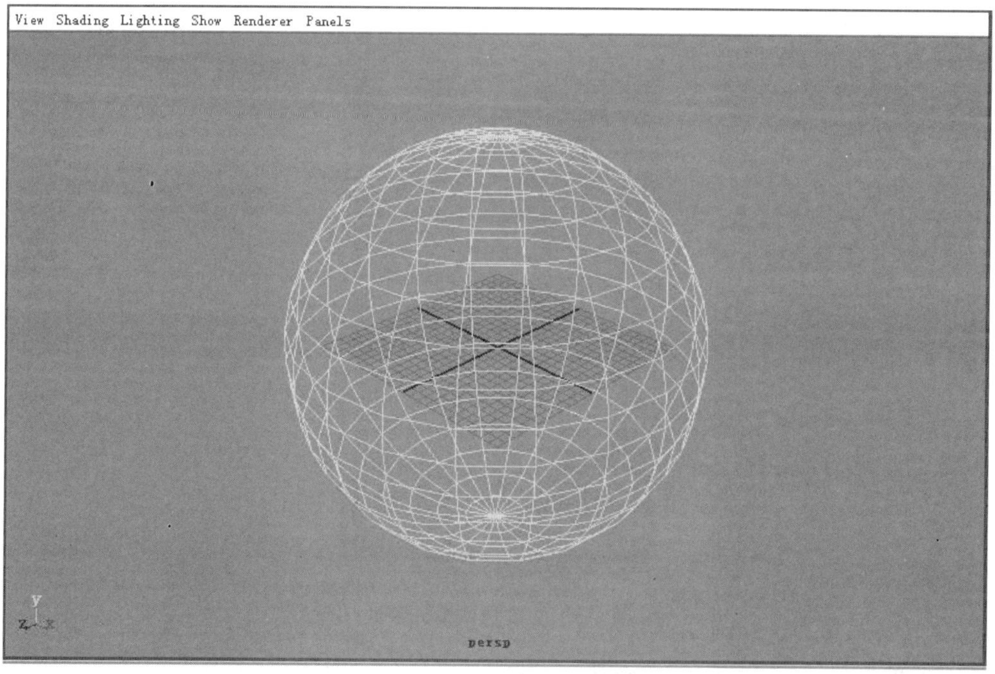

图 1-4 在透视图中创建球体

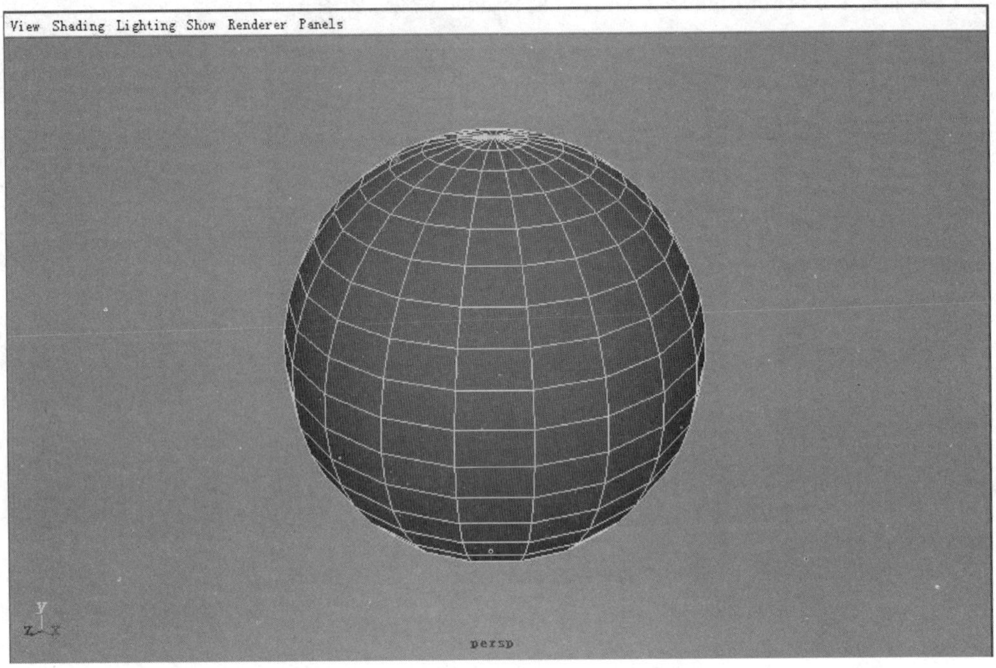

图 1-4 （续）

(4) 调整球体细分属性。修改 pSphere1 中 INPUTS|polySphere1 的属性值，输入数值即可，如图 1-5 所示。

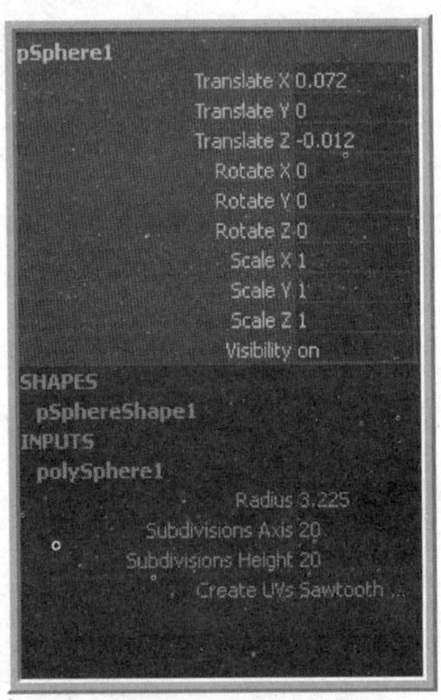

图 1-5 修改球体细分参数

(5) 单击 Create|Polygon Primitives|Sphere 命令，并在视图中单击也可以直接完成基本多边形球体的创建。在这种状态下，多边形基本物体的属性将由预先在多边形属性面板中的设置所决定。

【新知解析】

1. 创建多边形基本物体

使用 Create|Polygon Primitives 进行多边形基本体的创建，也可以单击工具架上的基本体快捷创建，如图 1-6 所示。

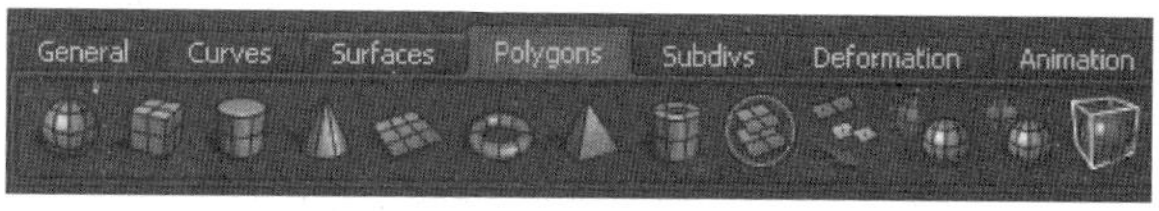

图 1-6　工具架快捷创建

在 Maya 2013 版本中提供了 12 种多边形基本体类型，分别是 Sphere（球体）、Cube（立方体）、Cylinder（圆柱）、Cone（圆锥）、Plane（平面）、Torus（圆环）、Prism（棱柱）、Pyramid（棱锥）、Pipe（圆管）、Helix（螺旋线）、Soccer Ball（足球）、Platonic Solids（多面体），如图 1-7 所示。

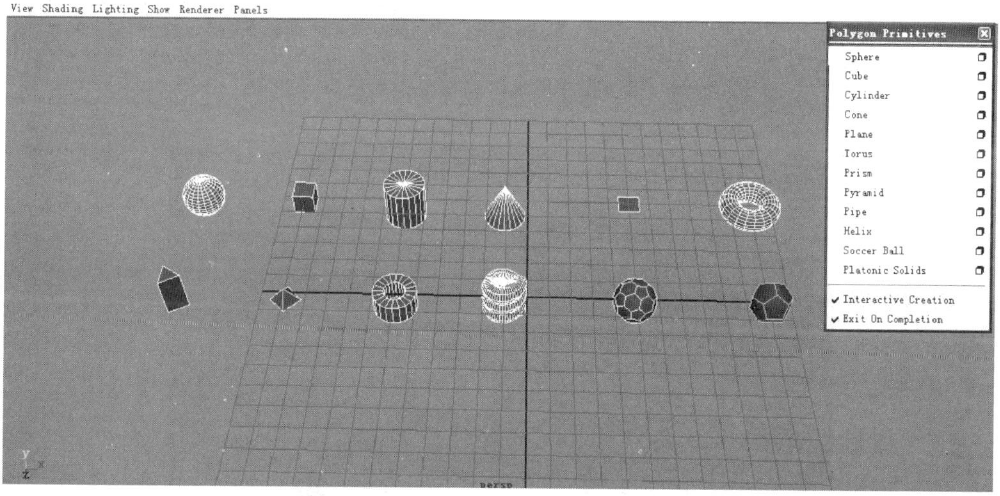

图 1-7　多边形基本体的类型

2. 多边形基本体通用参数

大多数基本物体的属性设置选项很相似，下面以 Cylinder 为例进行说明。圆柱基本体形状和参数设置窗口如图 1-8 所示。

（1）Radius（半径）：用于设置基本物体截面的半径，包括球体、圆柱体、圆锥体、形状体、管状体、足球、多面体等，都通过半径定义其大小，如图 1-9 所示。

（2）Height（高度）：用于设置基本物体的高度。

（3）Subdivision Axis（轴向细分）：用于设置基本体围绕中心轴方向的细分面的数目，如图 1-10 所示。

（4）Subdivision Height（高度细分）：用于设置基本物体在高度方向的细分面的数目，如图 1-11 所示。

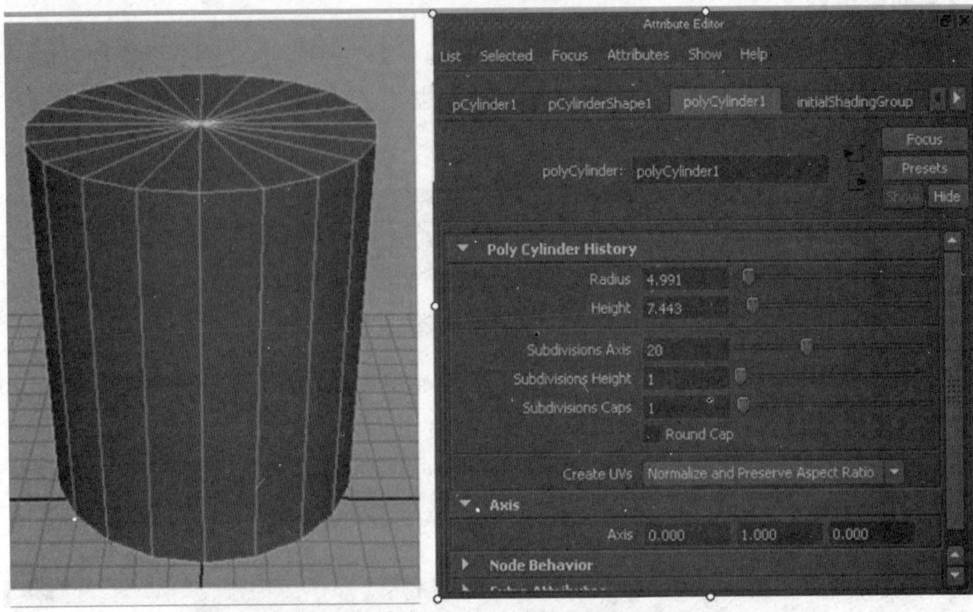

图 1-8　圆柱基本体和参数设置窗口

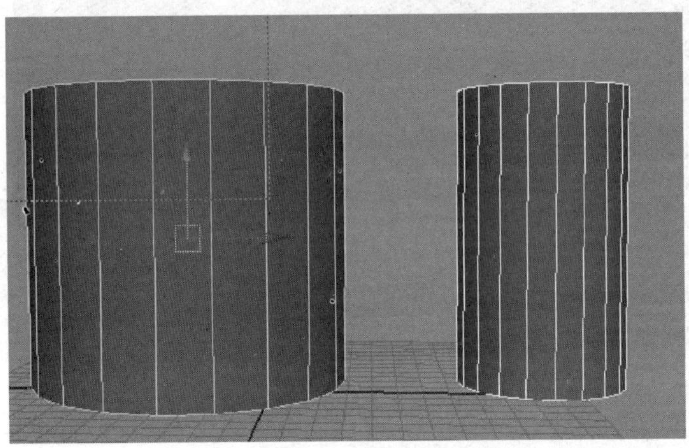

图 1-9　不同半径的圆柱体基本体

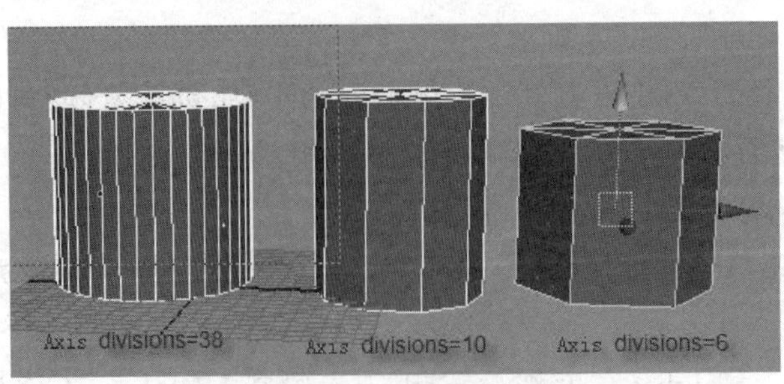

图 1-10　轴向细分参数影响效果

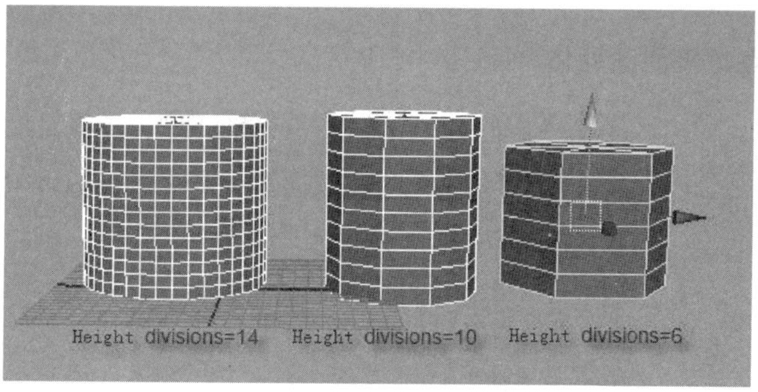

图 1-11 高度细分参数影响效果

(5) Subdivision Caps(截面细分)：用于设置基本物体在界面内细分面的数目。

(6) Round cap(圆形封盖)：用于给某些基本体的顶面添加封盖效果，适用于圆柱体、圆锥体、圆管和螺旋体，如图 1-12 所示。

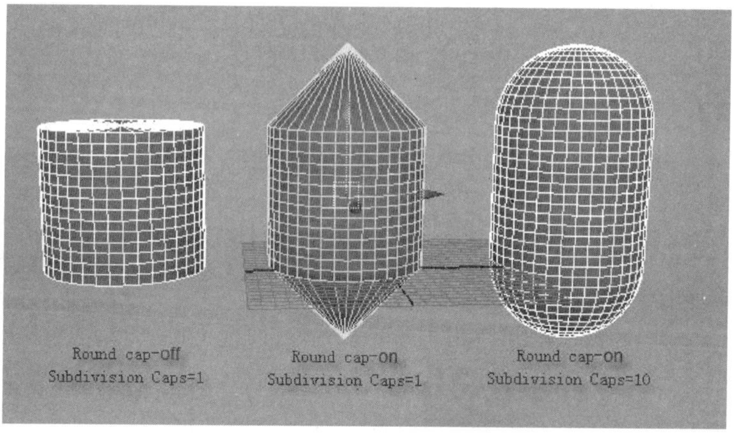

图 1-12 圆形封盖选项影响效果

注意：Round cap 必须与 Subdivision Caps 参数结合使用，只是当 Subdivision Caps 参数值大于 1 时，才会出现圆盖效果。

(7) Axis(轴向)：用于设置在场景中创建基本物体时的中心轴方向，如图 1-13 所示。

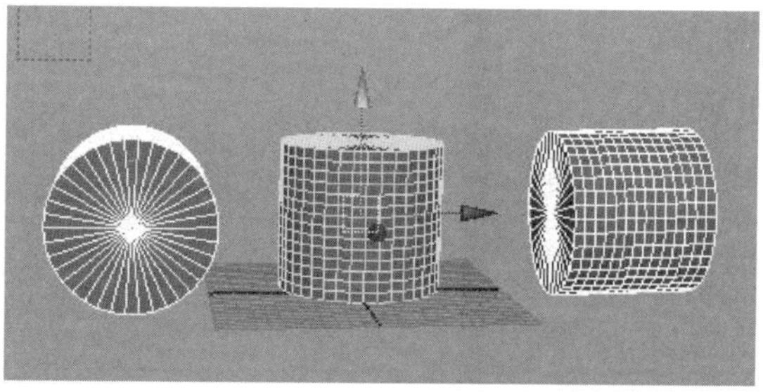

图 1-13 不同轴向的圆柱基本体

【任务拓展】

创建一个圆底封盖的圆柱体，如图 1-14 所示。

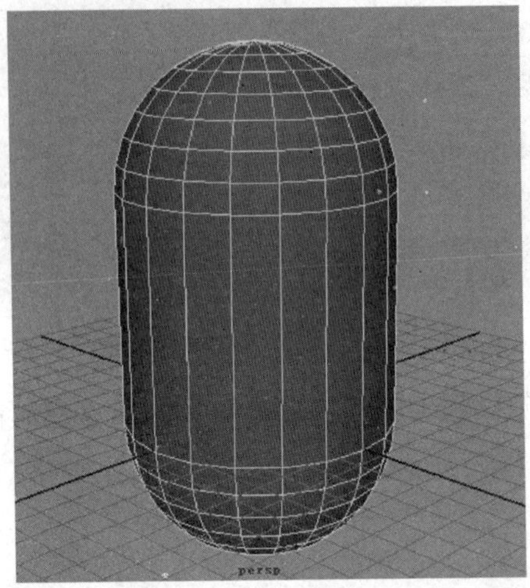

图 1-14　圆底封盖的圆柱体

【操作步骤】

(1) 使用 Create|Polygon Primitives|Cylinder 命令创建圆柱体。

(2) 单击位于状态行右侧的工具按钮，打开 Channel Box(通道盒)面板。

(3) 在 Channel Box 面板下，单击 INPUTS 节点面板下的 polyCylinder2(多边形圆柱 2)，打开物体的属性设置面板。

(4) 在物体的属性设置面板中更改物体属性，如图 1-15 所示。

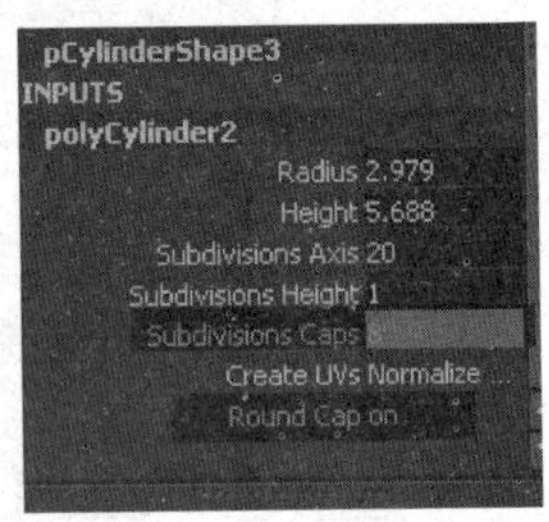

图 1-15　属性面板

【任务总结】

(1) 使用 Create|Polygon Primitives 命令创建多边形基本体。

(2) 多边形基本体通用参数设置，通过参数的修改，改变多边形基本体的基本形态。

(3) 在使用圆形封盖时，Round cap 必须与 Subdivision Caps 参数结合使用，只是当 Subdivision Caps 参数值大于 1 时才会出现圆盖效果。

【任务评价】

任务 1.1 评价表见表 1-1。

表 1-1　任务 1.1 评价表

任务 1.1 评价细则		自　评	教 师 评 价
1	创建多边形基本体		
2	修改基本体通用参数		
3	圆形封盖用法		
任务综合评价			

任务 1.2 特殊复制——花瓣创建

使用 Duplicate Special(特殊复制)命令制作花瓣,如图 1-16 所示。

图 1-16 花瓣

【任务分析】

1. 制作分析

(1) 使用 Create 命令创建一个面片。

(2) 修改中心点位置。

(3) 使用 Create 命令完成花蕊的创建和属性变化。

(4) 使用 Duplicate Special(特殊复制)完成花瓣的创建。

2. 工具分析

(1) 使用 Create|Polygon Primitives|Plane(平面)命令,通过鼠标左键拖拉在视图中绘制一个长方形面片。

(2) 使用 Plane 属性级别,对平面变换进行各种基本属性调节,修改平面的形体和位置。

(3) 使用 Plane 创建属性命令,对平面细分线段数进行调节。

(4) 使用中心点工具修改平面的中心点属性。

(5) 使用 Duplicate Special 完成花瓣的创建。

3. 学习目标

通过本任务的制作,要求掌握如下内容。

(1) 使用 Create|Polygon Primitives|Plane 命令可以制作平面。

(2) 学习 Plane 属性命令。

(3) 通过拓展练习，能够使用 Duplicate Special(特殊复制)命令制作自己创意的楼梯模型。

【任务实施】

(1) 新建项目。单击 File|Project Window 命令，打开 Project Window 属性窗口，在窗口中指定项目名称和位置，单击 Accept 按钮完成项目目录的创建，如图 1-17 和图 1-18 所示。

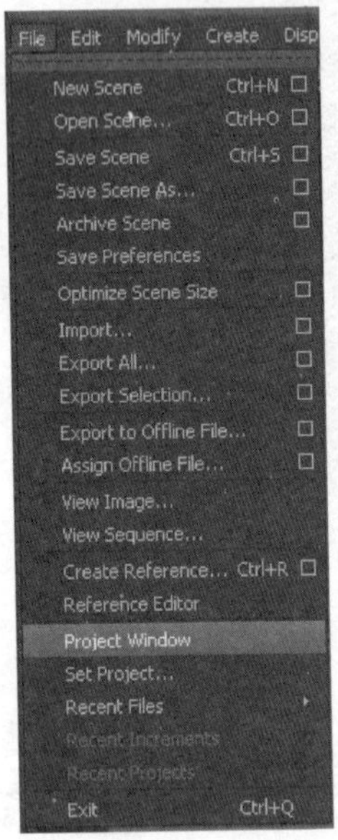

图 1-17 任务 1.2 步骤 1-1 图

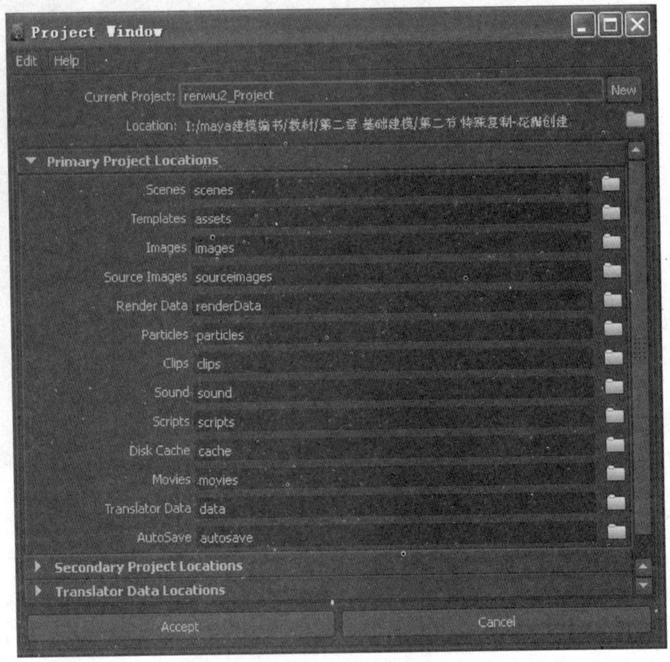

图 1-18 任务 1.2 步骤 1-2 图

(2) 单击 Create|Polygon Primitives|Plane 命令，如图 1-19 所示。

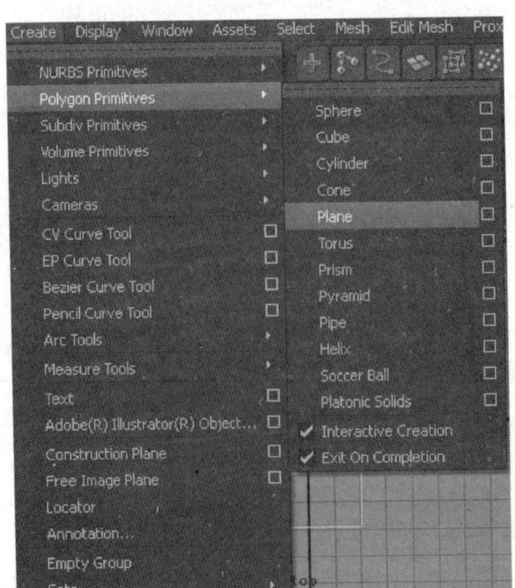

图 1-19 任务 1.2 步骤 2 图

(3) 在透视图中创建平面。在视图中拖动决定平面产生的位置以及半径大小，按数字键 5，将创建的平面对象以实体方式显示，如图 1-20 所示。

(4) 调整平面细分属性。修改 pPlane1 中 INPUTS|polyPlane1 的属性值，输入数值即可，如图 1-21 所示。

图 1-20　任务 1.2 步骤 3 图

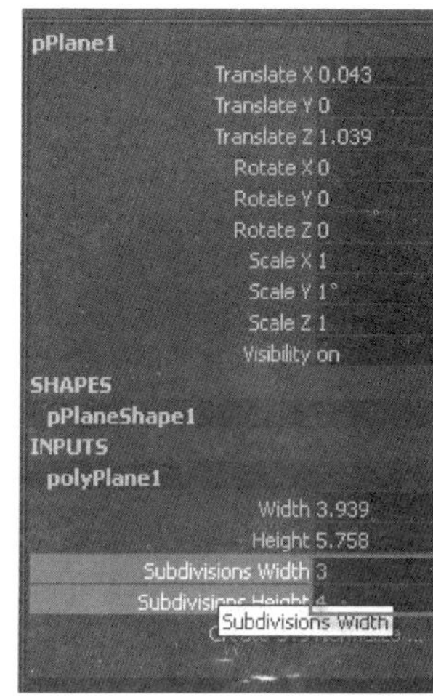

图 1-21　任务 1.2 步骤 4 图

(5) 选择平面，按快捷键 F9，将物体转化为点模式，调整平面的形状，如图 1-22 所示。

(6) 单击 Create|Polygon Primitives|Cylinder 调整属性和位置，如图 1-23 所示。

图 1-22　任务 1.2 步骤 5 图

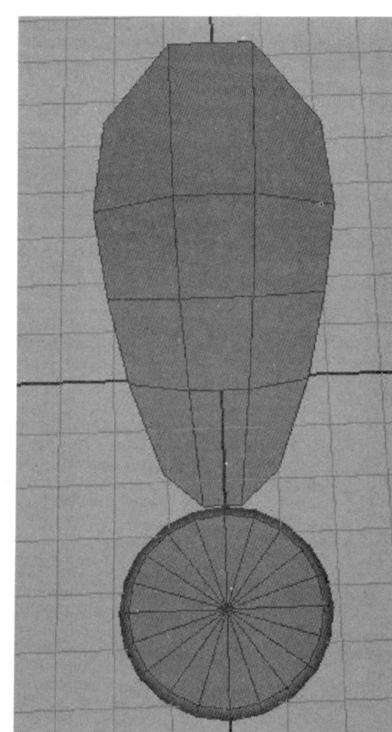

图 1-23　任务 1.2 步骤 6 图

(7) 选择平面，按快捷键 F8 切换至物体模式，按下 Insert 键后，按住 V 键不动，中心点变成圆圈模式，拖动将中心点吸附到圆盘的中心位置，按 Insert 键确认，并关闭中心点调整状态，如图 1-24 所示。

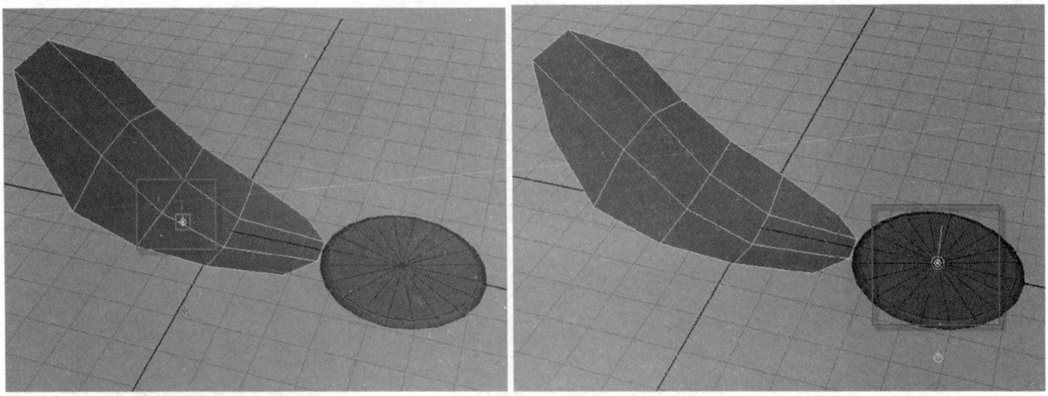

图 1-24　任务 1.2 步骤 7 图

(8) 选择花瓣平面，按快捷键 Ctrl+D 复制，按快捷键 E 调出旋转属性，将复制的花瓣平面执行旋转属性，具体参数和位置如图 1-25 所示。

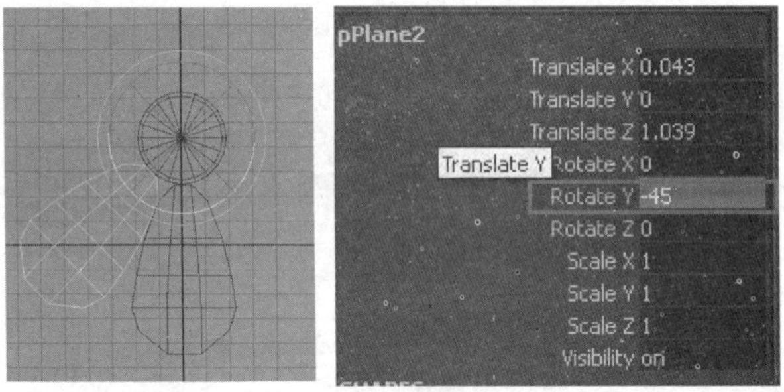

图 1-25　任务 1.2 步骤 8 图

(9) 选择花瓣平面，执行 Edit|Duplicate Special，打开特殊复制面板，调整参数，如图 1-26 所示。

(10) 单击 Apply(接受)按钮，效果如图 1-27 所示。

(11) 选择所有花瓣平面，执行 Mesh(网格)|Combine(组合)命令，将所有花瓣组合为一个整体，如图 1-28 所示。

(12) 调整花瓣中心点至圆盘中心位置，按快捷键 Ctrl+D 复制，并调整缩放和旋转属性，如图 1-29 所示。

(13) 选择花瓣平面，单击 Edit|Duplicate Special，打开特殊复制面板，调整参数，单击 Apply 按钮，效果如图 1-30 所示。

(14) 花瓣制作完成，并执行 File|Save Scene(保存场景)，效果如图 1-31 所示。

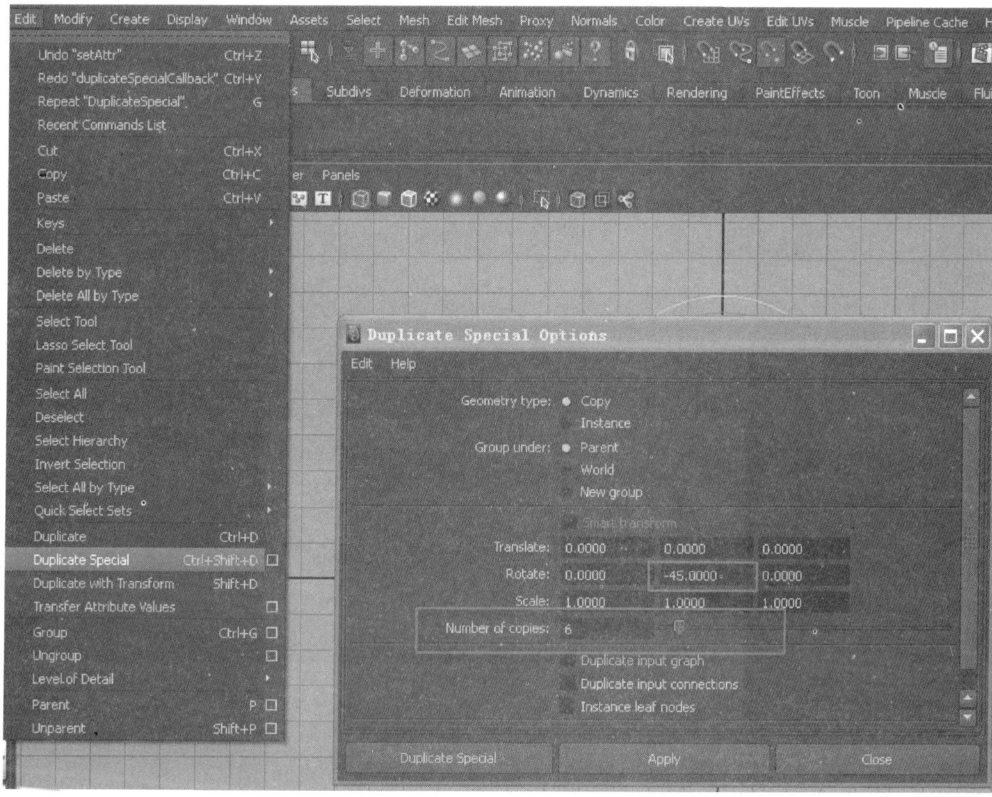

图 1-26　任务 1.2 步骤 9 图

图 1-27　任务 1.2 步骤 10 图

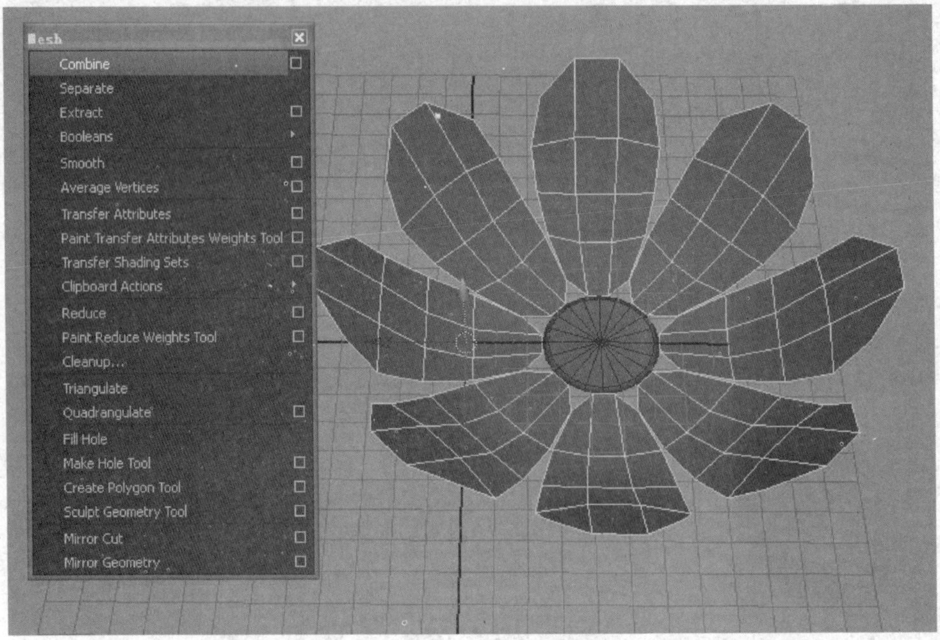

图 1-28　任务 1.2 步骤 11 图

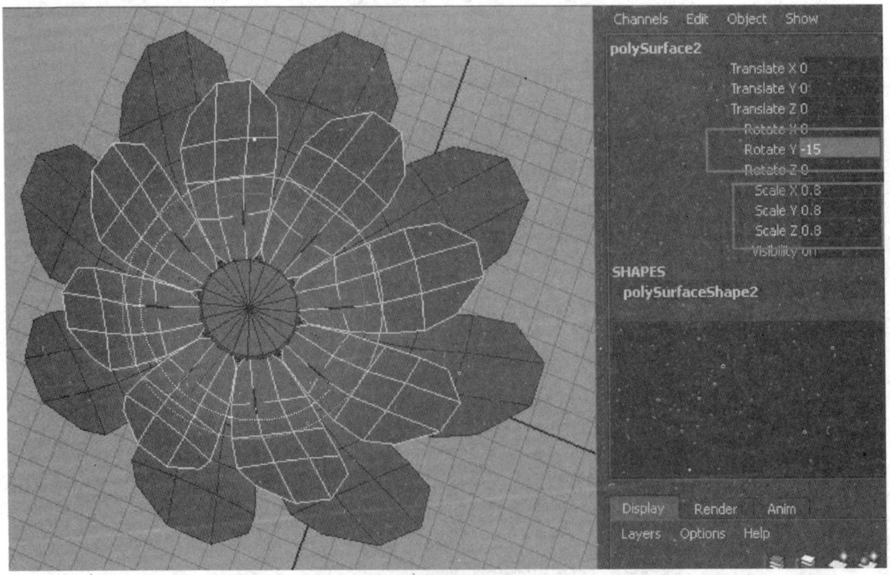

图 1-29　任务 1.2 步骤 12 图

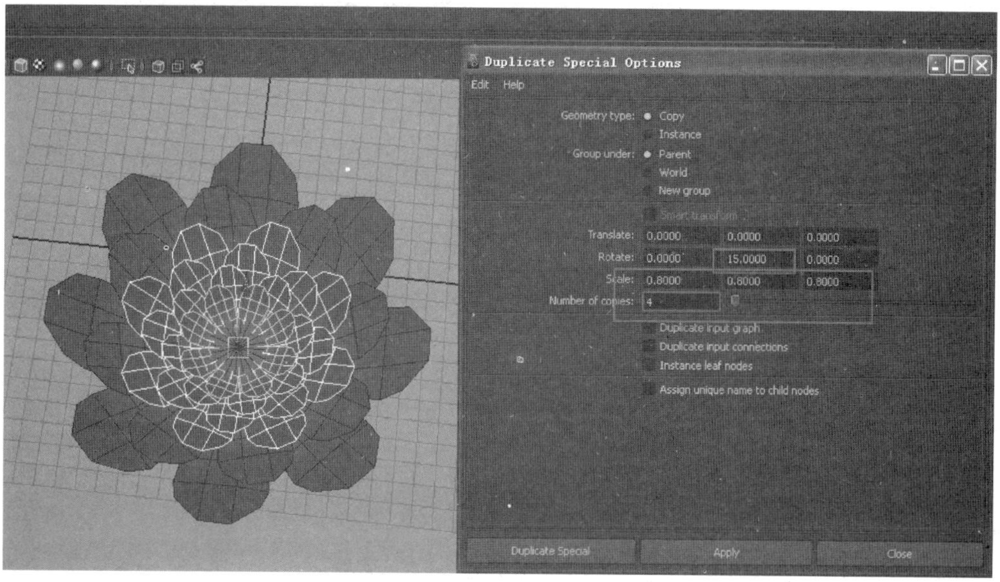

图 1-30　任务 1.2 步骤 13 图

图 1-31　步骤 14 图(任务 1.2)

【新知解析】

(1) 调整中心点。按下 Insert 键，中心点变为圆圈形状，可通过移动属性进行调整，也可以通过快捷键 V+单击吸附到点、快捷键 X+单击吸附到网格、快捷键 C+单击吸附到线进行调整。

(2) 特殊复制。单击 Edit|Duplicate Special，可通过调整需要的属性进行多数量的复制制作，在特殊复制中还可以选择 Instance(镜像)，如图 1-32 所示。

镜像的物体可以同步调整，如图 1-33 所示。

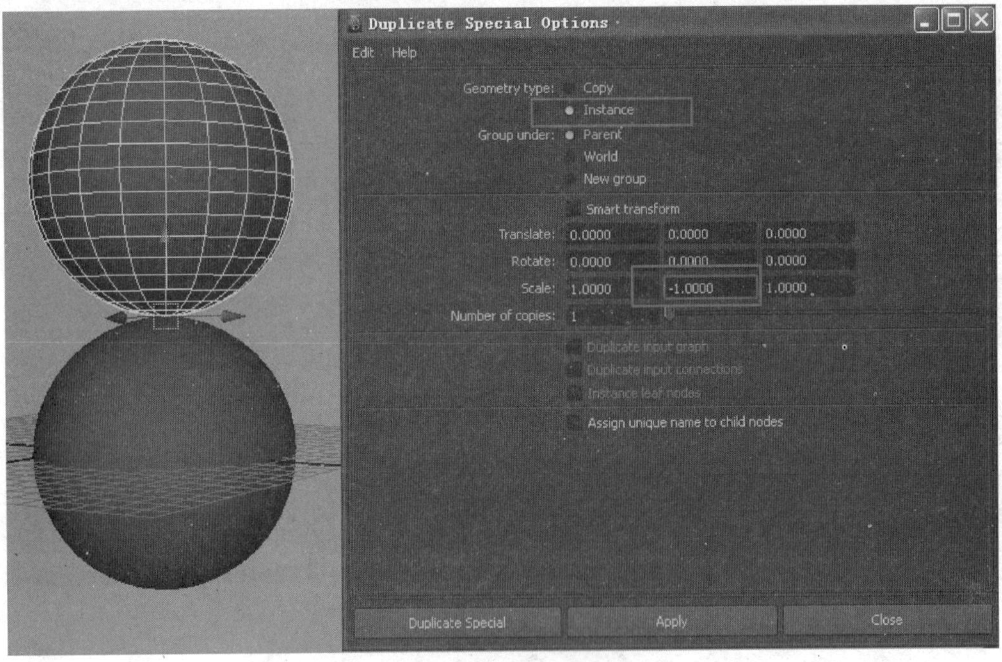

图 1-32 特殊复制

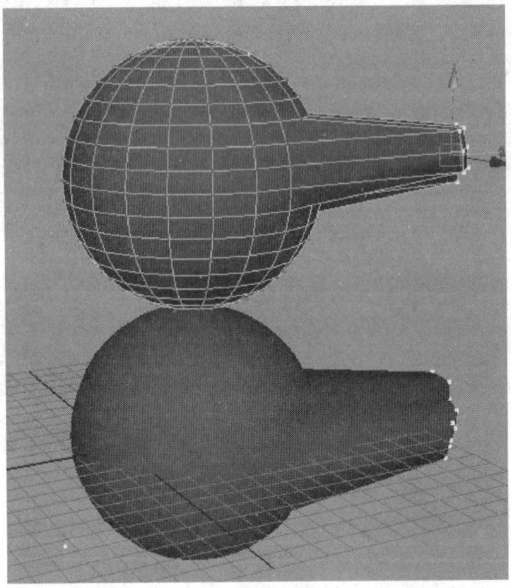

图 1-33 镜像物体同步调整

【任务拓展】

(1) 使用所学知识,为花朵制作花蕊,效果如图 1-34 所示。

请同学们自行制作。

(2) 运用所学知识,建一个楼梯的模型,如图 1-35 所示。

图 1-34 花蕊模型

图 1-35 楼梯模型

操作步骤如下。

(1) 创建一个立方体作为楼梯面,调整属性和位置,并选择物体执行 Modify/(Freeze Transformations)命令。

(2) 创建一个圆柱体作为楼梯扶手柱,调整属性和位置,并同步骤 1 冻结变化。

(3) 先选择扶手柱再选择楼梯面,执行 Edit|Parent(父子关系),将扶手柱和楼梯面建立父子关系,如图 1-36 所示。

(4) 选择父物体楼梯面，执行 Ctrl+D 复制一个，调整参考属性，执行 Edit|Duplicate Special，依据参考属性调整属性，单击 Apply 完成特殊复制，如图 1-37 所示。

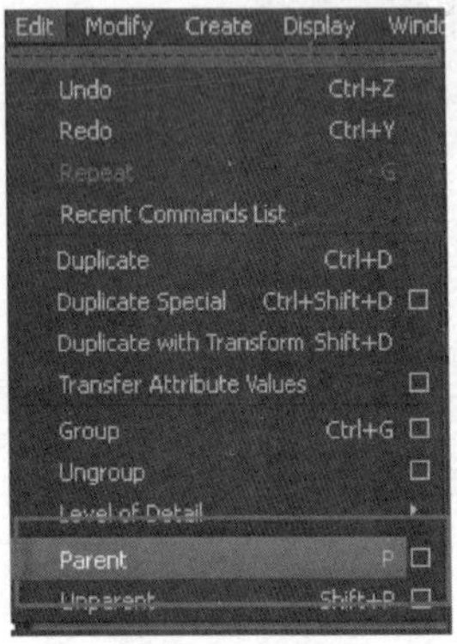

图 1-36　建立“父子关系”

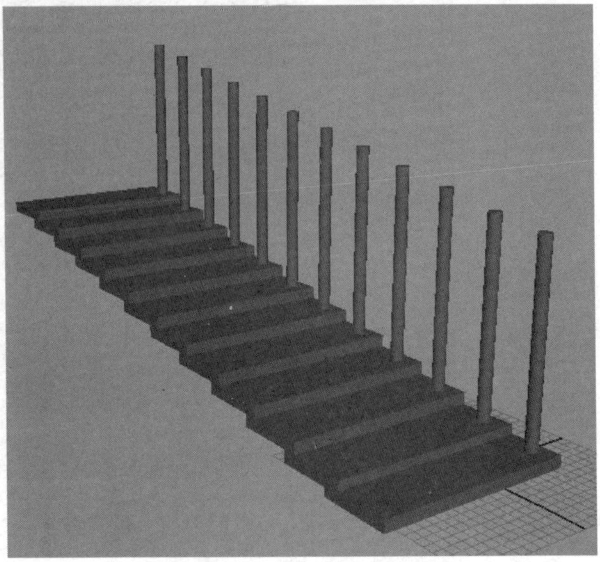

图 1-37　完成特殊复制

(5) 在底层和顶层分别创建一个立方体覆盖在扶梯柱上，执行 Mesh|Combine 命令，将两个立方体组合为一个物体，选择相对的两个面，执行 Edit Mesh(编辑网格)|Bridge(桥梁)，在弹出的对话框中选择 Setting(设置)|Bridge Type(桥梁类型)|Linear Path(直线路径)，效果如图 1-38 所示。

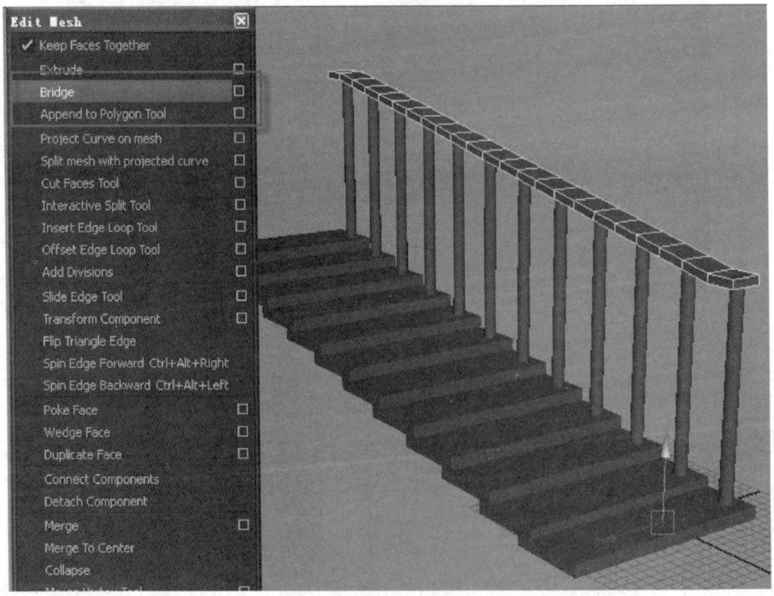

图 1-38　制作效果

(6) 楼梯制作完成。

【拓展知识】

(1) 父子关系：Edit|Parent。先选择物体为子物体，后选择物体为父物体，父物体动时，子物体可跟随父物体做移动、旋转、缩放基本属性的变化，子物体还可以自主变化自身的属性，和父物体无关。

(2) 桥梁：Edit Mesh|Bridge。在 Setting|Bridge Type 中有三种类型，分别为 Linear Path、Smooth Path(平滑路径)、Smooth Path+Curve(平滑路径+曲线)，可根据需要选择，在第三种路径 Smooth Path+Curve 中带有曲线，可以通过调整曲线调整桥梁形成的形状。

【任务评价】

任务 1.2 评价表见表 1-2。

表 1-2　任务 1.2 评价表

任务 1.2 评价细则		自　评	教师评价
1	创建多边形基本体		
2	修改中心点		
3	特殊复制		
4	父子关系		
5	桥梁工具		
任务综合评价			

任务 1.3　组合分离书桌

组合分离提取书桌，如图 1-39 所示。

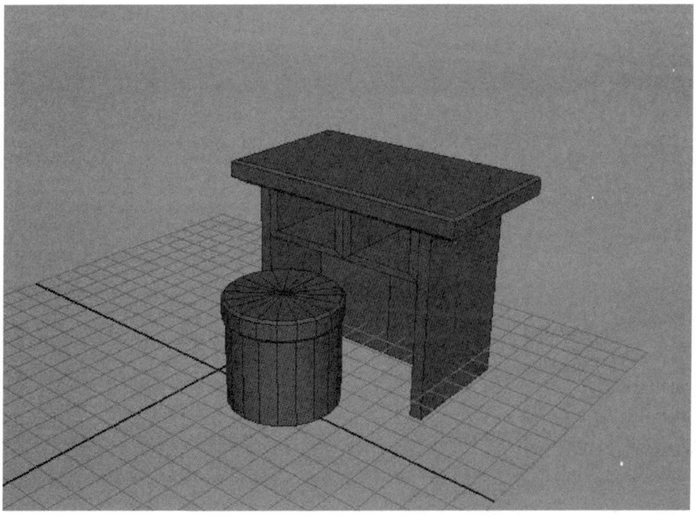

图 1-39　书桌

【任务分析】

1. 制作分析

(1) 使用 Combine(结合)命令将桌子与凳子结合成为一个整体。

(2) 使用 Separate(分离)命令将桌子和凳子这两个不连接的多边形面分离为独立的对象。

(3) 使用 Extract(提取)命令将凳子的上盖部分从初始多边形物体中分离。

2. 工具分析

(1) 使用 Mesh(网格)|Combine 命令在视图中将桌子和凳子组合为一个整体。

(2) 使用 Mesh|Separate 命令将凳子和书桌分离为各自单独的多边形对象。

(3) 使用 Mesh|Extract 命令将凳子的上盖部分从初始多边形物体中分离。

3. 学习目标

通过本任务的制作,要求掌握如下内容。

(1) 使用 Combine 命令可以将多个多边形对象结合为同一个多边形对象。

(2) 学习 Separate 命令将不连接的多边形面分离为独立的多边形对象。

(3) 能够运用 Extract 命令从多边形物体上选择提取独立的面,形成独立的多变形对象。

【任务实施】

(1) 打开项目文件。单击 File|Open Scene(打开场景)命令,打开光盘文件 renwuyi\scenes\zuheshuzhuo。

(2) 选择凳子,按 Shift 键加选桌子或者框选要合并的桌子和凳子。如图 1-40 所示。

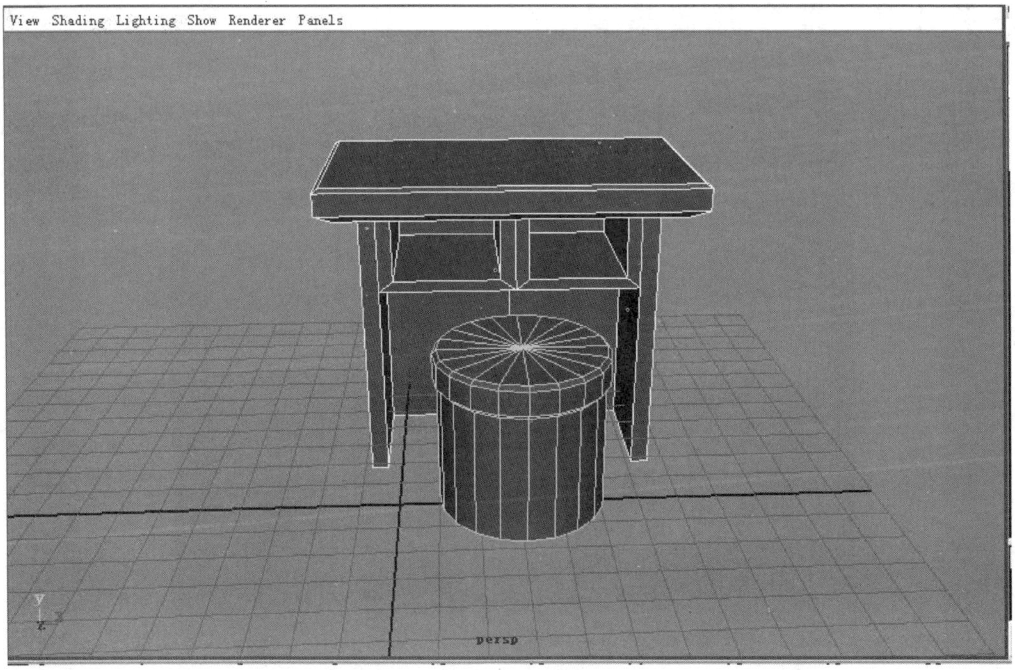

图 1-40　绘制曲线

(3) 单击 Mesh|Combine 命令，对多边形进行合并操作，在视图中将桌子和凳子组合为一个整体，如图 1-41 所示。

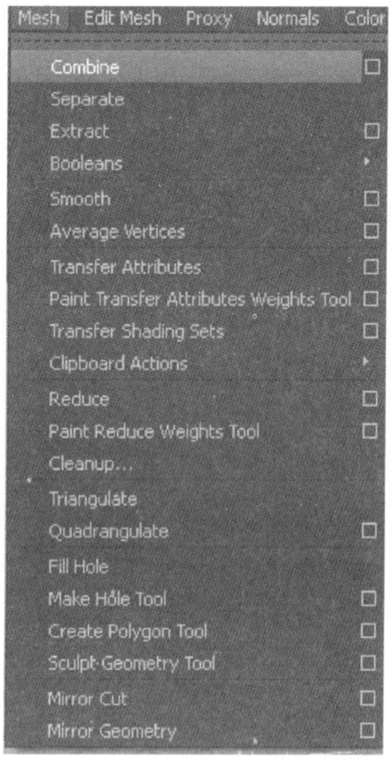

图 1-41　组合操作

(4) 桌子和椅子合并为了一个多边形整体。如图 1-42 所示。

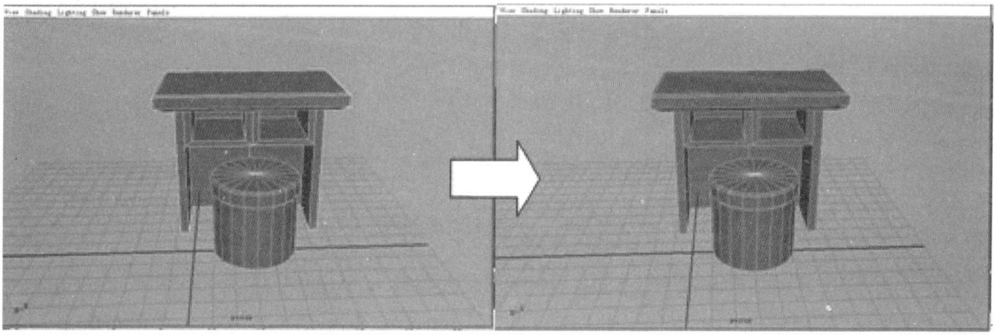

图 1-42　结合多边形

Combine 操作可能会导致产生的多边形物体法线方向不一致，单击 Normals(法线)|Conform(一致)命令可以统一多边形法线的方向。

(5) 为了单独调整场景中凳子的位置，现将场景中的凳子多边形对象从整体上分离。

(6) 选择场景中的多边形对象。

(7) 单击 Mesh|Separate 命令，对多边形进行分离操作，如图 1-43 所示。

(8) 桌子和椅子分离成为了两个多边形个体，如图 1-44 所示。

(9) 将凳子突出的部分从凳子上提取出来，使其形成一个新的多边形对象，作为凳子的盖。

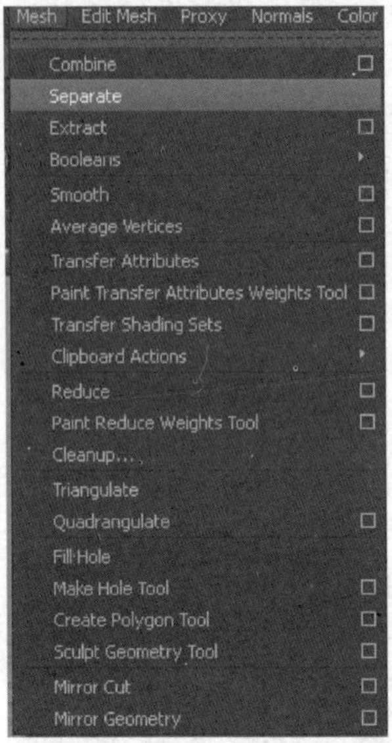

图 1-43　对多边形进行分离操作

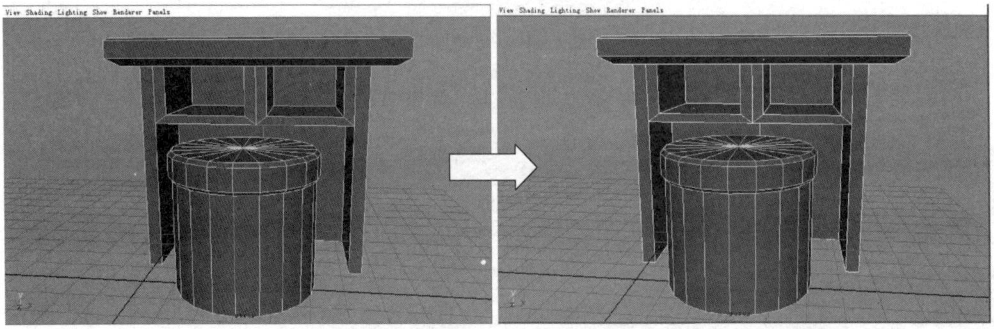

图 1-44　分离多边形效果

(10) 选择凳子，按下 F11 键，将凳子的显示状态转换为面片格式，如图 1-45 所示。

(11) 选择凸起的所有面，单击 Extract 命令右侧的选项设置按钮，打开 Extract Options(提取选项)窗口，如图 1-46 所示。

(12) 在 Extract Options 窗口中开启 Separate extracted faces(分离提取面)选项，单击 Extract 按钮完成操作，如图 1-47 所示。

【新知解析】

1. Combine 结合多边形

Combine 操作可能会导致产生的多边形物体法线方向不一致，单击 Normals(法线)|Conform(一致)命令可以统一多边形法线的方向。

对于许多多边形元素编辑操作而言，要保持参与编辑的多边形元素属于同一个多边形对象是必要的，因此合并多边形操作是进行很多后续编辑操作的前提。

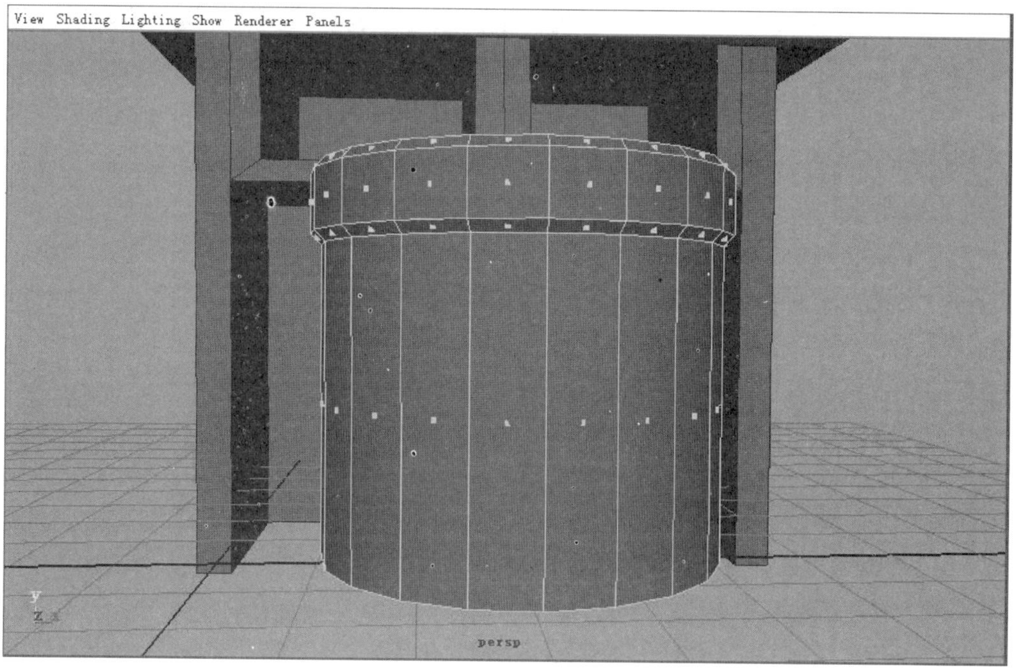

图 1-45　面片级别

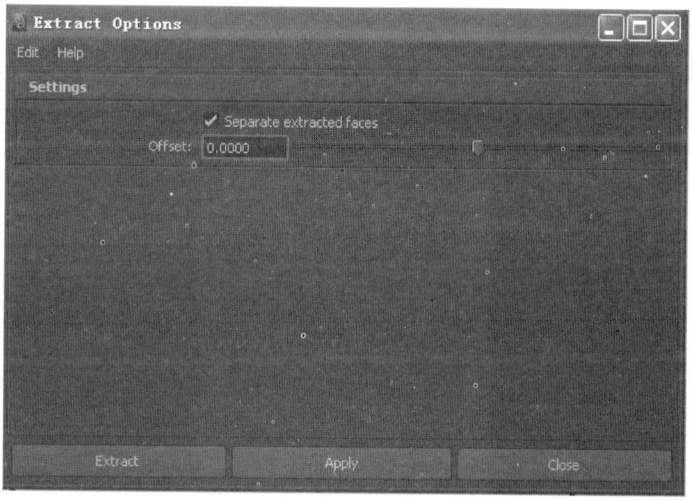

图 1-46　提取选项设置窗口

2. Separate 分离多边形

Separate 命令只对具有多个多边形外壳的对象有效。

多边形外壳是指一个多边形中所有连接面的集合，例如本例中多边形模型由桌子面、桌子腿、凳子组合而成，因此整个桌凳组合模型具有多个多边形外壳，对其施加 Separate 命令可以将其分离成为多个独立的多边形物体。

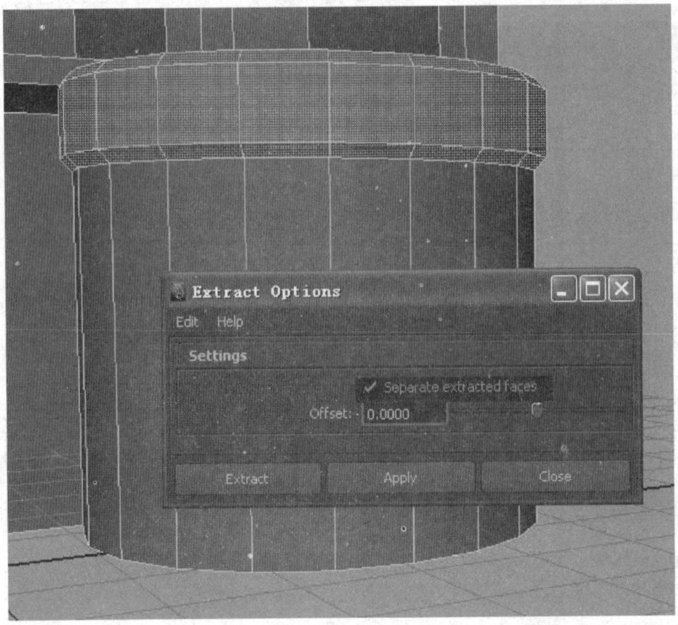

图 1-47　提取多边形面

3. Extract 提取多边形

Separate extracted faces(分离提取面)选项开启或关闭决定所提取的面与初始多边形是否在同一个物体级别下。Offset(偏移)选项控制提取面的变换属性,用户也可以在提取完成之后再对其进行变换属性的调节。

【任务拓展】

将给出的坦克模型组合成为一个整体。如图 1-48 所示。

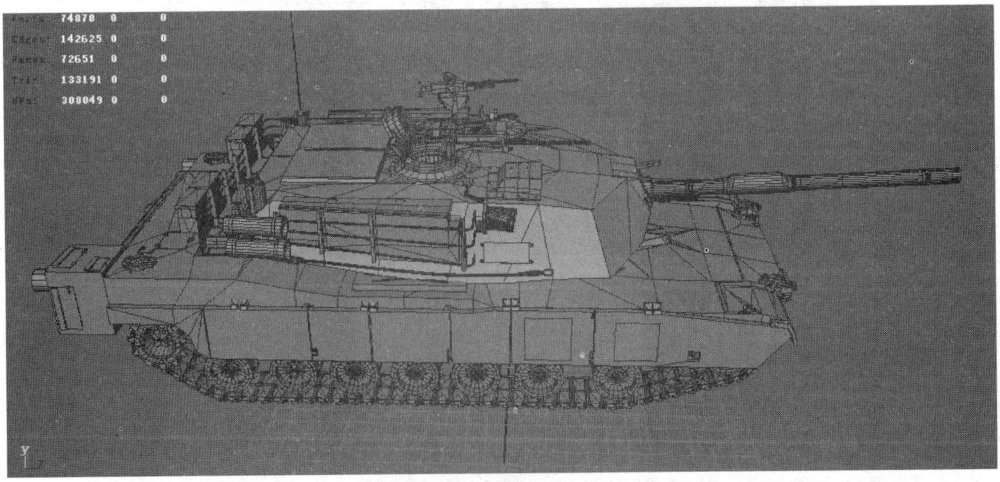

图 1-48　坦克模型

【操作步骤】

(1) 打开 Maya，单击 File|Open Scene 命令，打开光盘文件“Project\renwuer\scenes\坦克”文件。

(2) 按住 Shift 键选择场景中所有的多边形对象或者用鼠标框选所有多边形对象。

(3) 单击 Mesh|Combine 命令。

【任务总结】

(1) 使用 Combine 命令可以将多个多边形对象结合为同一个多边形对象。

(2) 使用 Separate 命令可以将多边形中不连接的多边形面分离为独立的对象。

(3) 使用 Extract 命令可以将多边形从初始多边形物体中提取分离。

【任务评价】

任务 1.3 评价表见表 1-3。

表 1-3 任务 1.3 评价表

任务 1.3 评价细则		自　评	教师评价
1	Combine(结合)命令的使用		
2	Separate(分离)命令的使用		
3	Extract(提取)命令的使用		
任务综合评价			

任务 1.4 布尔运算——笔筒

使用 Booleans(布尔运算)命令制作笔筒，如图 1-49 所示。

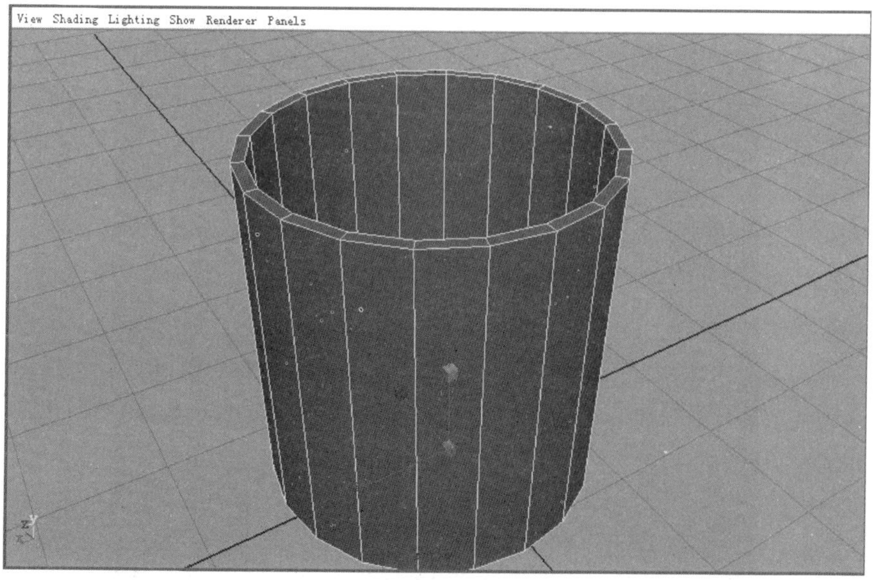

图 1-49 笔筒

【任务分析】

1. 制作分析

(1) 使用 Create(创建)命令创建一个圆柱体。

(2) 使用 Duplicate(复制)命令复制一个圆柱体,并进行缩放控制。

(3) 使用 Booleans 命令将两个圆柱体合成为一个笔筒。

2. 工具分析

(1) 使用 Create|Polygon Primitives(多边形基本体)|Cylinder(圆柱体)命令,通过拖动,在视图中绘制一个圆柱体。

(2) 使用 Cylinder 属性级别,对圆柱体变换进行各种基本属性调节,修改圆柱体的形体和位置。

(3) 使用 Duplicate 命令复制圆柱体。

(4) 使用 Booleans|Difference(减集)命令完成笔筒制作。

3. 学习目标

通过本任务的制作,要求掌握如下内容。

(1) 使用 Booleans|Difference 命令完成笔筒制作

(2) 通过拓展练习能够使用 Booleans 中 Union(并集)、Intersecion(交集)命令制作各种模型。

【任务实施】

(1) 新建项目。单击 File|Project Window(项目窗口)命令,打开 Project Window 属性窗口,在窗口中指定项目名称和位置,单击 Accept 按钮完成项目目录的创建,如图 1-50 所示。

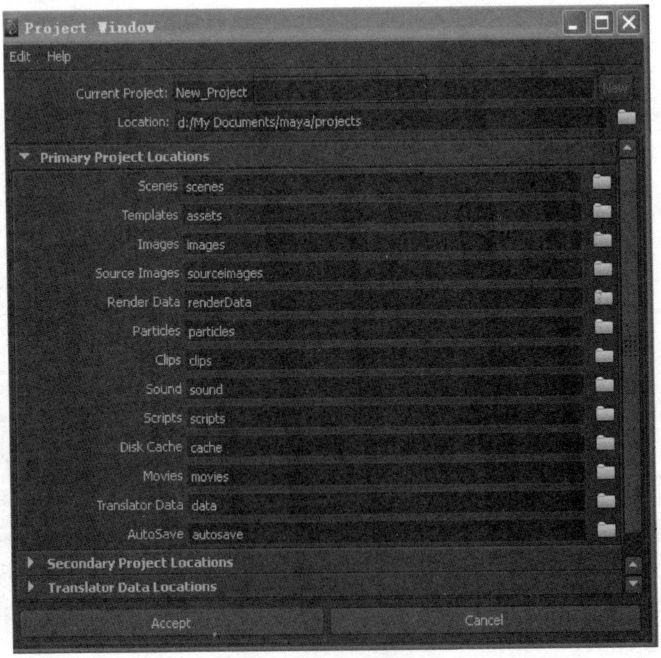

图 1-50 创建项目目录

（2）单击 Create|Polygon Primitives|Cylinder 命令，如图 1-51 所示。

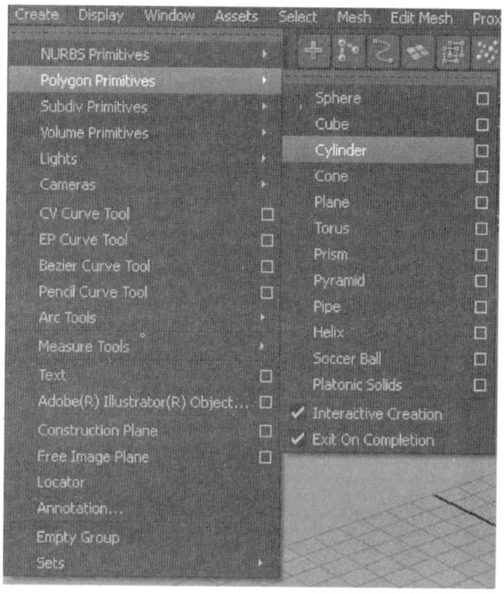

图 1-51 执行创建圆柱体命令

（3）在透视图中创建圆柱体。在视图中通过单击拖动决定圆柱体产生的位置以及底面大小，确定大小后，向上拖动，确认圆柱体的高，完成创建。按下数字键 5，将创建的球体对象以实体方式显示，如图 1-52 所示。

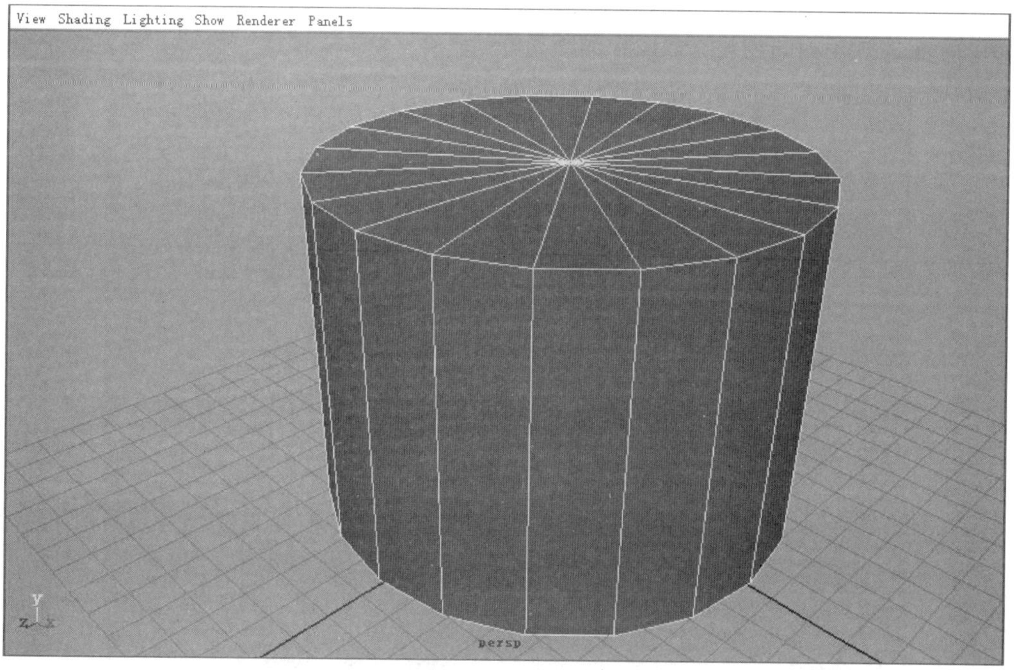

图 1-52 圆柱体的创建

(4) 选择圆柱体,使用 Edit|Duplicate 命令复制一个圆柱体,按下 R 键,进行整体缩放,按下 W 键,移动圆柱体位置。如图 1-53 所示。

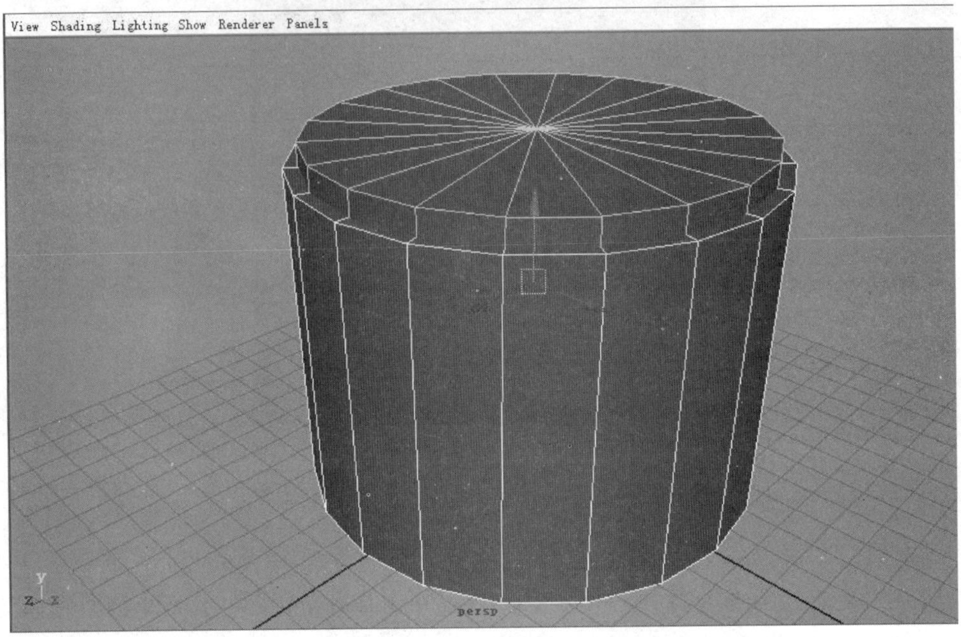

图 1-53 复制圆柱体调整位置大小

(5) 单击选择最大的圆柱体,按 Shift 键加选里面的圆柱体,单击 Mesh|Booleans|Difference 完成笔筒的创建。如图 1-54 所示。

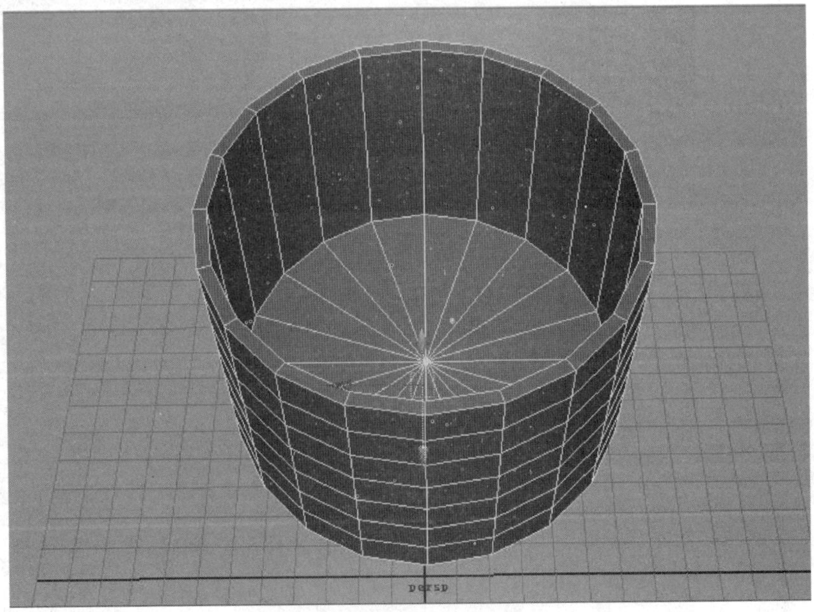

图 1-54 笔筒的创建

【新知解析】

(1) 使用 Edit|Duplicate 命令复制一个圆柱体，也可以直接使用快捷键 Ctrl+D 完成复制命令。

(2) 使用 Mesh|Booleans|Difference 命令时，先选择的多边形体积会减去后选择的多边形体积。在多边形历史记录被保留的情况下，也可以选择参与布尔运算的多边形物体，并在 Channel Objects(通道盒)、Attribute Editor(属性编辑器)或 Hypergraph(超级图标)面板中对物体的变换属性进行调整，进而影响布尔运算结果。如图 1-55 示。

图 1-55　布尔运算属性调节

(3) 布尔运算类型。Maya 提供了三种布尔运算类型，分别是 Union、Difference 和 Intersection，如图 1-56 示。

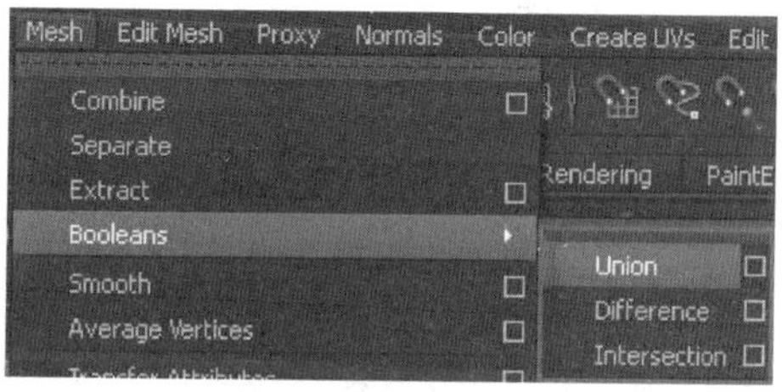

图 1-56　布尔运算类型

Union：将两部分多边形物体的体积进行结合。

Difference：对两部分多边形物体的体积进行相减。

Intersection：计算两部分多边形物体相交部分的体积。

三种布尔运算的效果如图 1-57 所示。

【任务拓展】

做一个葫芦形状的多边形，如图 1-58 所示。

【操作步骤】

(1) 创建一个多边形球体，并调节其属性，Y 轴缩放球体。

(2) 创建第二个球体，调节其属性，比第一个球体稍微小一点，Y 轴放大球体。

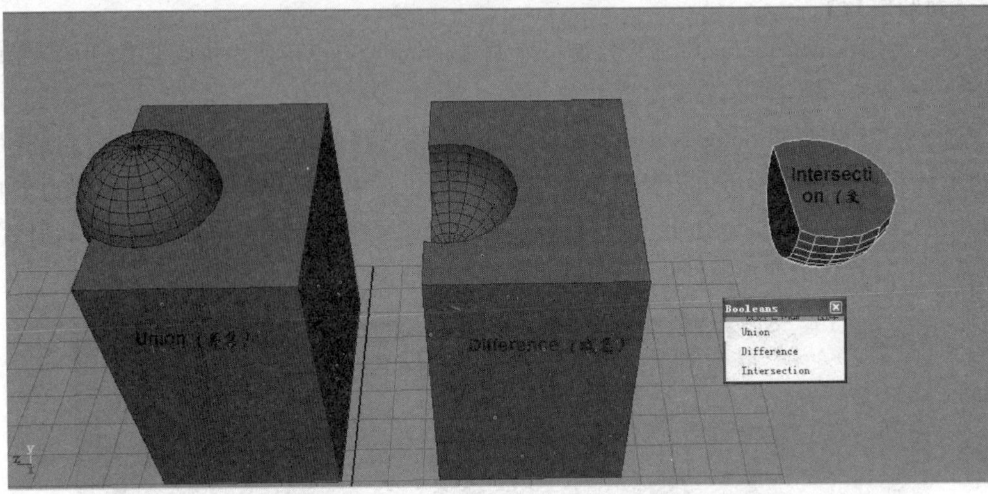

图 1-57　布尔运算效果

图 1-58　葫芦形状

(3) 将两个球体放在合适位置，选择球体，单击 Mesh|Booleans|Union 完成操作。

【任务总结】

(1) 使用 Create|Polygon Primitives 命令创建多边形基本体。

(2) 使用 Edit|Duplicate 命令复制一个圆柱体。

(3) 使用 Mesh|Booleans|Difference 命令制作笔筒模型。

【任务评价】

任务 1.4 评价表见表 1-4。

表 1-4　任务 1.4 评价表

任务 1.4 评价细则		自　评	教师评价
1	创建多边形圆柱体		
2	使用复制命令		
3	布尔运算命令的运用		
任务综合评价			

任务 1.5　挤压——手机创建

使用挤压命令制作手机，如图 1-59 所示。

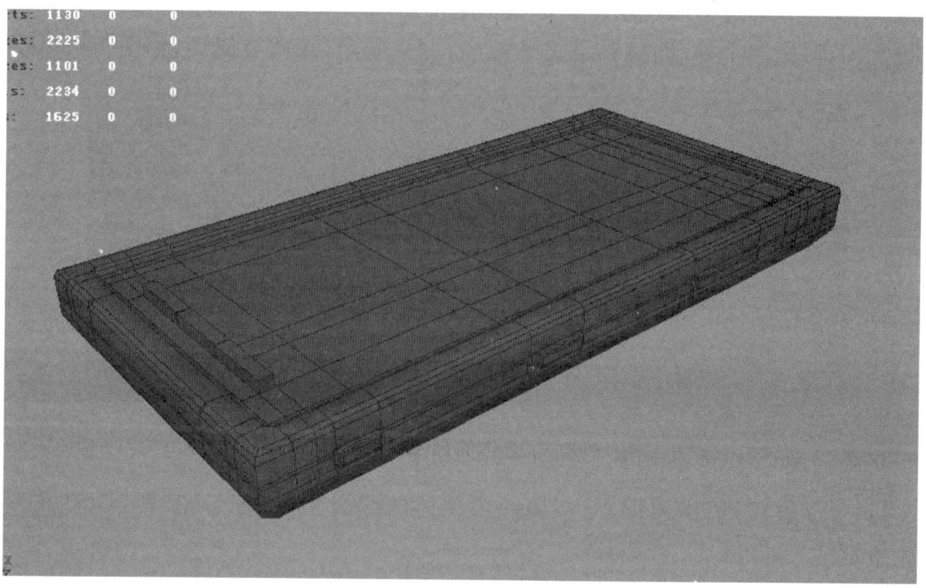

图 1-59　手机

【任务分析】

1. 制作分析

(1) 使用 Create|Polygon Primitives|Cube(立方体)命令创建一个立方体。

(2) 使用 Edit Mesh(编辑多边形)|Extrude(挤压)命令制作手机。

2. 工具分析

(1) 使用 Create|Polygon Primitives|Cube 命令，通过单击拖拉在视图中绘制一个合适的立方体。

(2) 使用 Edit Mesh|Insert Edge Loop Tool(插入循环线)为立方体添加需要的循环线。

(3) 使用 Edit Mesh|Extrude 命令制作手机中的细节。

3. 学习目标

通过本任务的制作，要求掌握如下内容。

(1) 熟练使用 Create 创建命令。

(2) 能够使用 Edit Mesh|Insert Edge Loop Tool 命令为需要的多边形对象添加循环线。

(3) 能够使用 Edit Mesh|Extrude 命令制作所需模型。

【任务实施】

(1) 新建项目。单击 File|Project Window 命令，打开 Project Window 属性窗口，在窗口中指定项目名称和位置，单击 Accept 按钮完成项目目录的创建。

(2) 单击 Create|Polygon Primitives|Cube 命令。

(3) 在透视图中创建立方体。在视图中单击拖动来决定立方体产生的位置以及底面大小，确定大小后，向上拖动，确认立方体的高，完成创建，并调节属性，如图 1-60 所示。

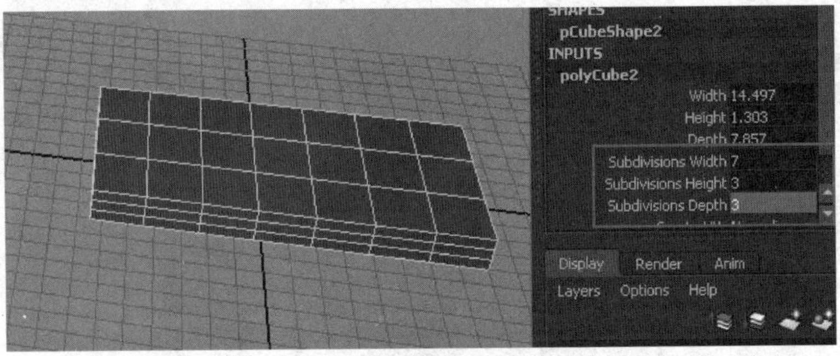

图 1-60　立方体的创建及属性调节

(4) 选择立方体，按快捷键 F10，切换为物体的线级别，根据手机样式调整布线。如图 1-61 所示。

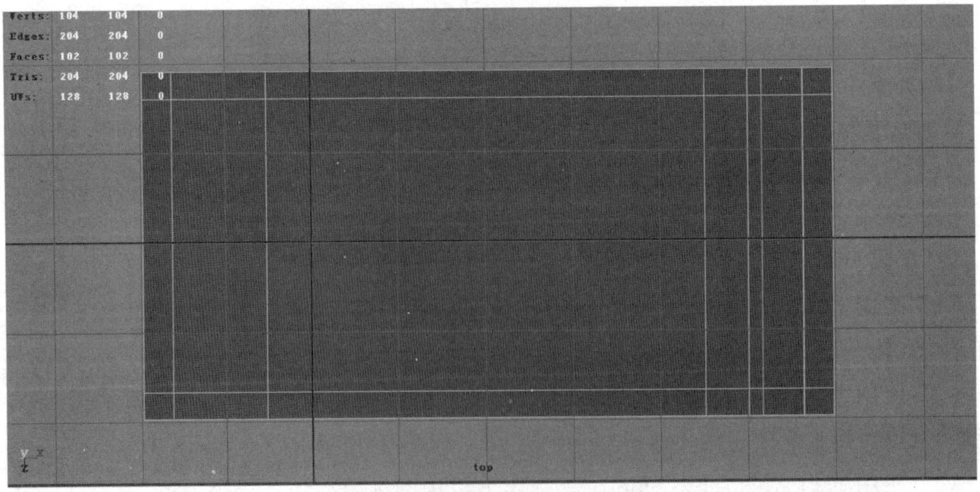

图 1-61　调整布线

（5）单击选择立方体，按 F11 键，将立方体切换为面模式。选择要挤压的面，如图 1-62 所示。

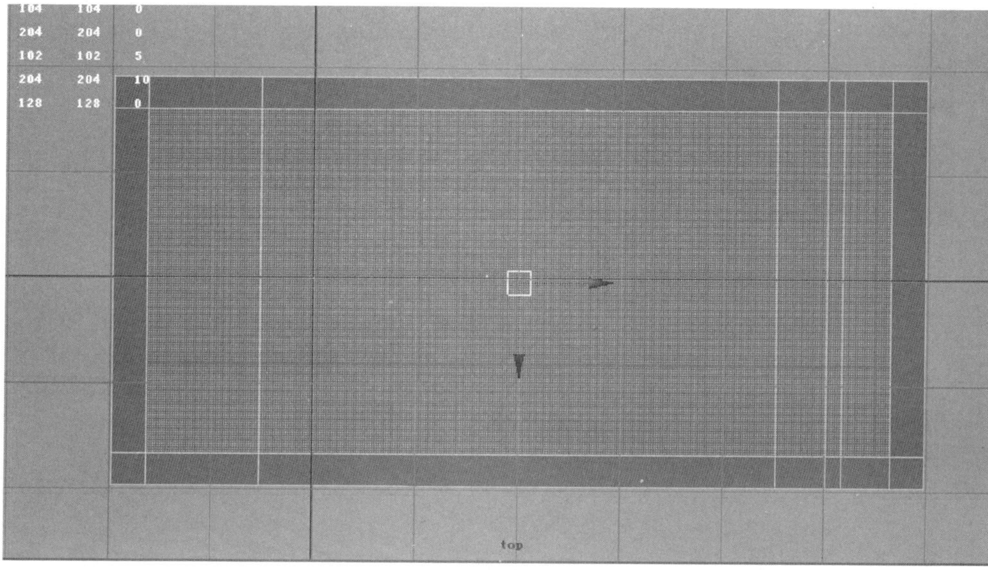

图 1-62　选择挤压的面

（6）单击 Edit Mesh|Extrude 命令，如图 1-63 所示。

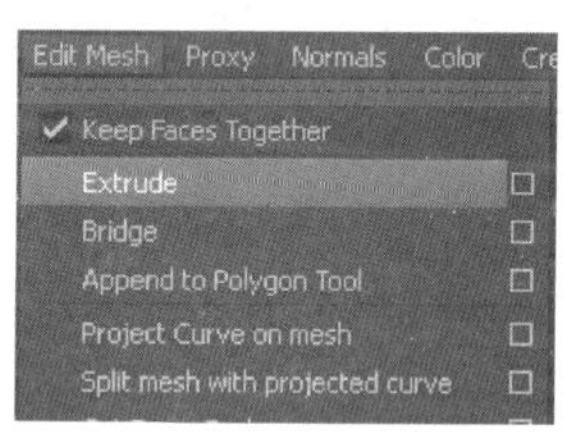

图 1-63　Extrude 挤压命令

（7）将选择的面进行向下挤压操作，如图 1-64 所示。

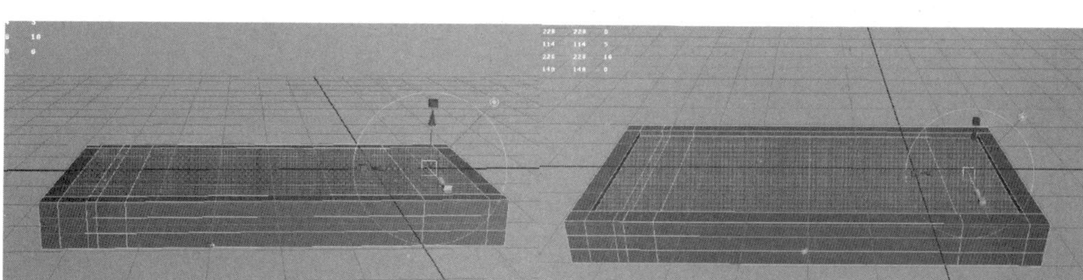

图 1-64　挤压操作

（8）单击 Edit Mesh|Insert Edge Loop Tool（插入循环线）命令为模型的屏幕部分添加循环线。如图 1-65 所示。

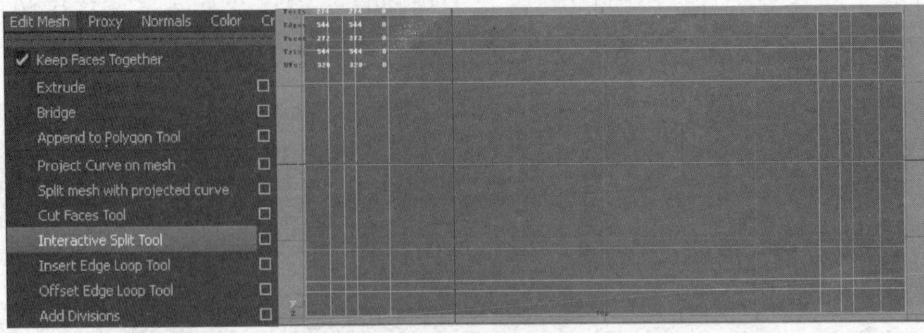

图 1-65　插入循环线

(9) 选择要挤压的按键所在面,进行挤压操作,并按 Delete 命令删除挤压出的面,如图 1-66 所示。

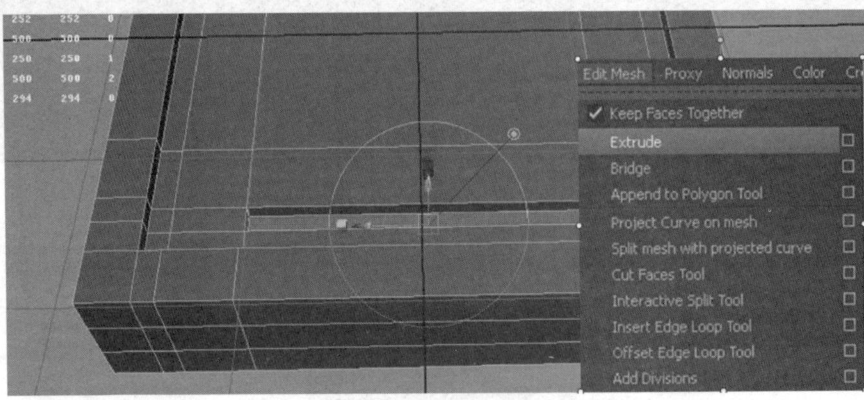

图 1-66　挤压按键

(10) 切换到顶视图,在按键的位置创建三个立方体,如图 1-67 所示。

图 1-67　创建按键

（11）选择手机四周的线，单击 Edit Mesh|Bevel（倒角）命令，如图 1-68 所示。

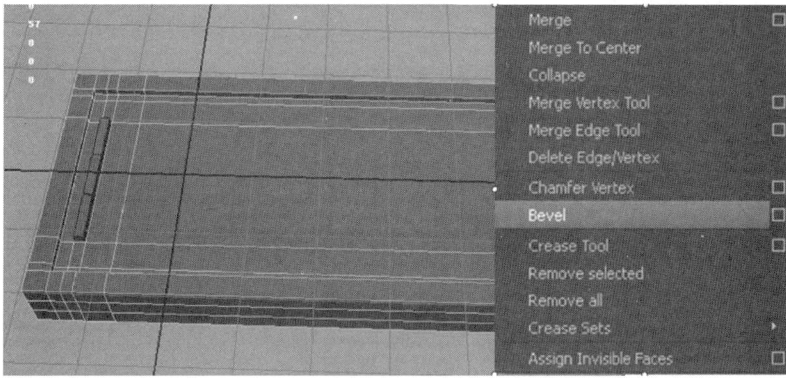

图 1-68　倒角命令

（12）实行倒角命令后，并调节倒角的具体属性，调制一个合适的参数，如图 1-69 所示。

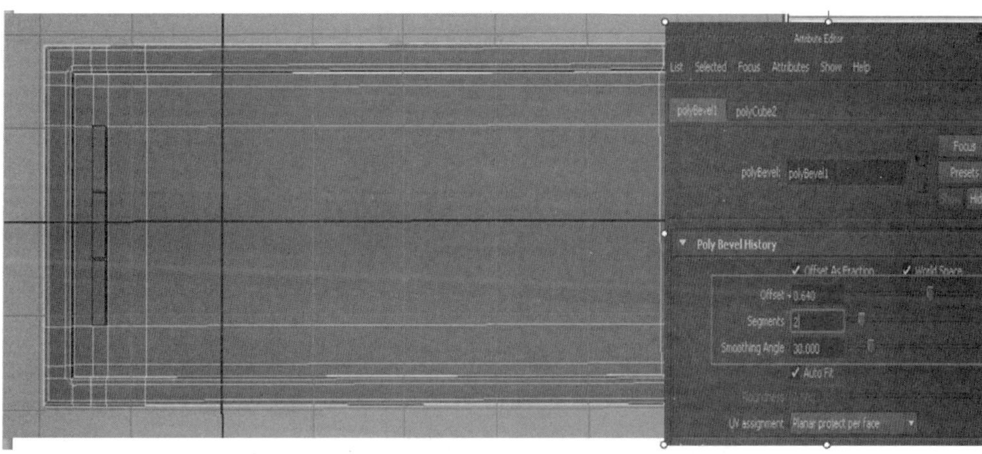

图 1-69　倒角属性调节

（13）制作侧面按钮，在手机的侧面添加循环线。按 Shift 键加选要挤压的面，执行一次挤压命令，将面向里推动，再次执行挤压命令，缩放当前面，第三次执行挤压命令，将所需的按键向外拉，挤压出来，如图 1-70 所示。

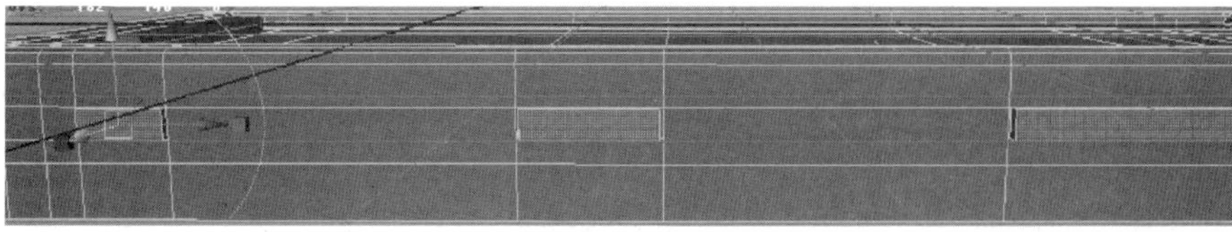

图 1-70　制作侧面按钮

（14）单击 Edit Mesh|Bevel 命令，将侧面按钮的面进行倒角处理，并调整参数，如图 1-71 所示。

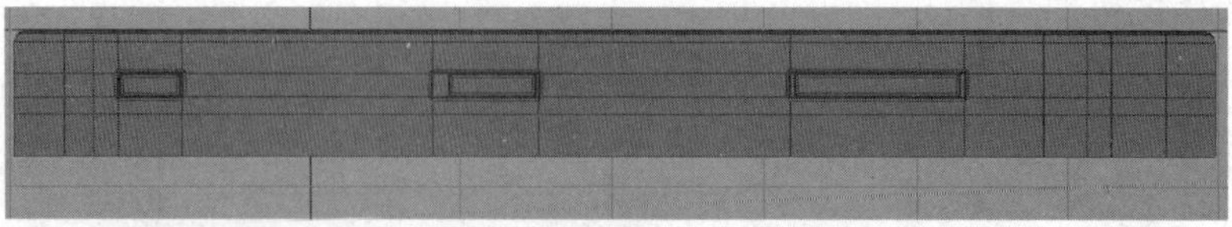

图 1-71　侧面按钮倒角处理

(15) 选择底面所有的面进行缩放命令，缩放到合适比例，选择底面周围的线，执行 Edit Mesh|Bevel 命令，调整参数制作完成底面，如图 1-72 所示。

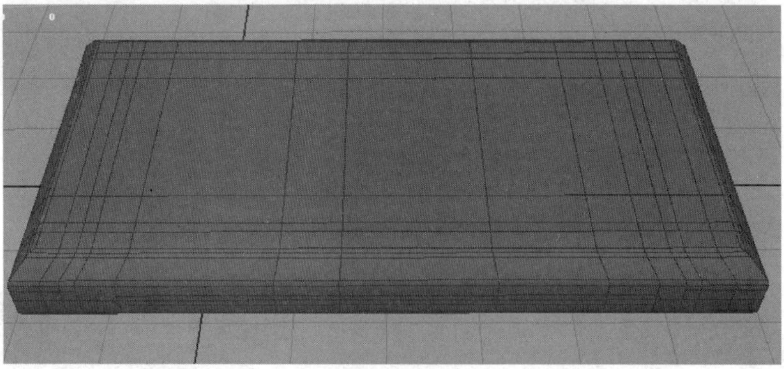

图 1-72　底面制作

(16) 制作底面摄像头，选择所需的面，进行缩放并向下拖拉，执行 Edit Mesh|Extrude 命令，向下拖拉并适当缩放。

(17) 选择周边的线，执行 Edit Mesh|Bevel 命令进行倒角操作，并调整具体参数，如图 1-73 所示。

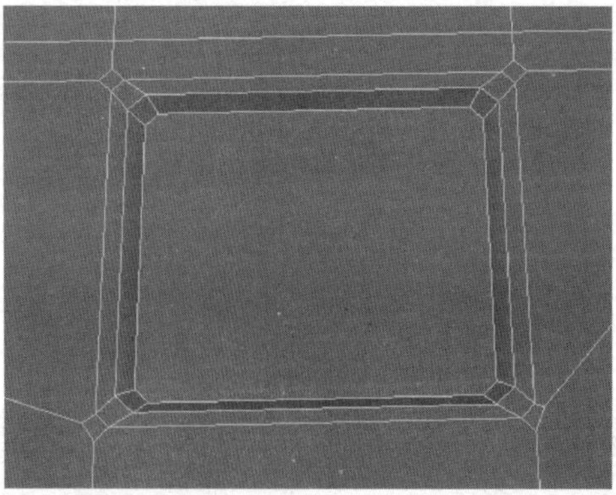

图 1-73　倒角操作

(18) 选择里面的面，执行 Edit Mesh|Extrude 命令，向上拖拉并适当缩放，再次执行挤压命令，适度缩放，第三次执行挤压命令，向里推拉，调整参数，如图 1-74 所示。

(19) 制作侧面按钮，步骤同上，如图 1-75 所示。

(20) 调整布线完成。

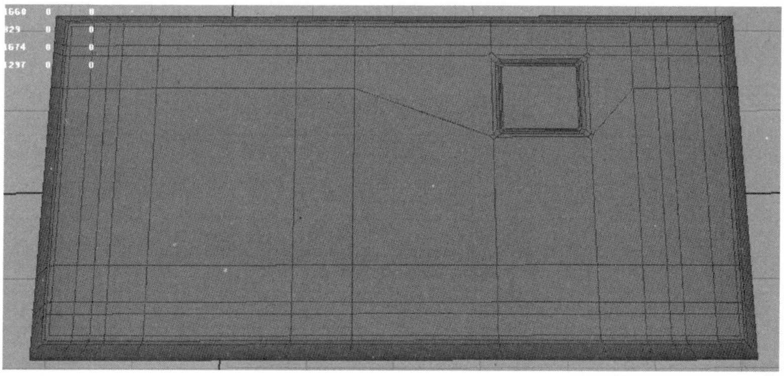

图 1-74 底面摄像头制作

图 1-75 侧面按钮

【新知解析】

(1) 打开 Edit|Extrude 命令右侧的按钮 ❐ 。其中，①Divisions(细分数)调节挤压过程中产生的细分段数；②Offset(偏移)调节挤压过程中的偏移参数；③Use selected curve for extrude(将所选择曲线用于挤压)选项可以自主绘制挤压参照曲线。

(2) Edit Mesh|Insert Edge Loop Tool 命令为多边形物体添加循环线，使用插入循环线工具的过程中，在视图中同时按下 Ctrl 键、Shift 键并右击可以打开 Insert Edge Loop Tool Options(插入循环线工具选项)标记菜单，在其中可以设置循环线定点的指定方式以及 Auto Complete(自动完成)选项的开启或关闭。

(3) Edit Mesh|Bevel 命令。

Offset：倒角偏移参数设置。

Segments：倒角细分线段参数设置。

【任务总结】

(1) 使用 Create|Polygon Primitives 命令创建多边形基本体。

(2) 使用 Edit Mesh|Extrude 命令挤压多边形。

(3) 使用 Edit Mesh|Insert Edge Loop Tool 命令为多边形插入所需的循环边。

(4) Edit Mesh|Bevel 命令的运用。

(5) 保存文件。

【任务评价】

任务 1.5 评价表见表 1-5。

表 1-5　任务 1.5 评价表

任务 1.5 评价细则		自　评	教师评价
1	创建多边形立方体		
2	使用挤压命令		
3	插入循环边		
4	倒角命令运用		
5	文件保存		
任务综合评价			

模块 2

中级建模

对于动画模型制作者，多边形建模方式是使用频率最高的模型构造方式，也是最佳的建模手段。在制作中，只有最大限度地降低模型的复杂程度，才能有效提高实时渲染的交互速度，而综合使用多边形建模，即中级模型，则可以完成动画场景、主体动画人物及动物或者道具的创建。

任务 2.1 建筑房屋建模

使用 Polygon 建模创建如图 2-1 所示的建筑房屋。

图 2-1 建筑房屋

【任务分析】

1. 制作分析

(1) 使用 Polygon(多边形建模)模块创建一座建筑房屋。

(2) 综合运用各种命令进行组合建模。

2. 工具分析

(1) 使用 Duplicate Special (特殊复制)完成房屋瓦片制作。

(2) 使用 Extrude 命令完成房屋框架和门窗制作。

3. 学习目标

通过本任务的制作,要求掌握如下内容。

(1) 能够综合运用 Polygon 进行简单建筑建模。

(2) 能够掌握建模的技巧和技能。

(3) 熟练运用 Polygon 模块的相关命令操作。

【任务实施】

(1) 新建项目。单击 File|Project Window 命令,打开 Project Window 属性窗口,在窗口中指定项目名称和位置,单击 Accept 按钮完成项目目录的创建,如图 2-2 所示。

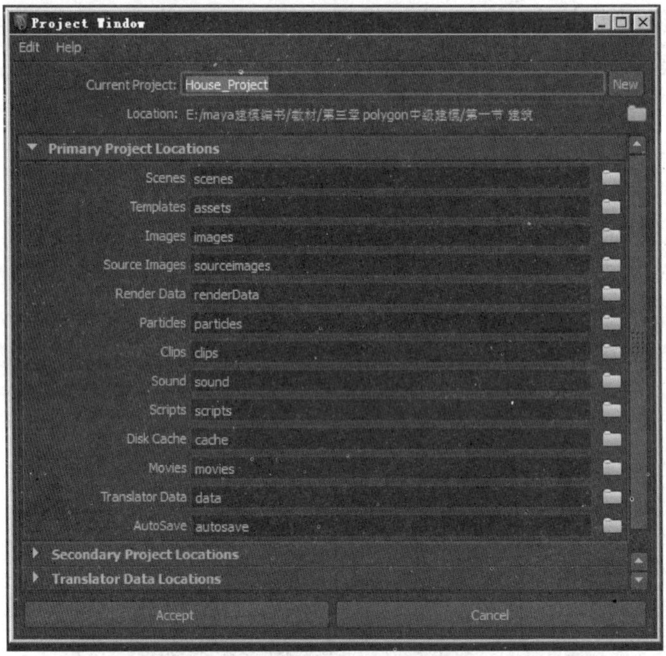

图 2-2　任务 2.1 步骤 1 图

(2) 单击 Create|Polygon Primitives|Plane 命令,在 Front 视图创建参考面片,如图 2-3 所示。

(3) 选择面片,右击,在出现的下拉菜单中选择 Assign New Material(添加新材质)命令,并在弹出的对话框中选择 Lambert 材质,如图 2-4 和图 2-5 所示。

(4) 在界面右侧出现的属性栏,找到 Color(色彩)属性,单选后面的棋盘格,在弹出的对话框中选择 File 贴图,如图 2-6 所示,并在右侧弹出的属性栏中找到 Image Name(图片名字),单击后面的按钮,选择需要的参考图,并单选 Reload(导入),导入参考图,如图 2-7 所示。

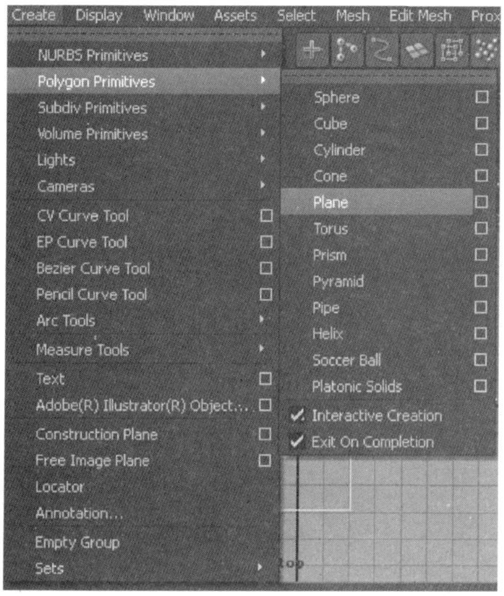

图 2-3 任务 2.1 步骤 2 图

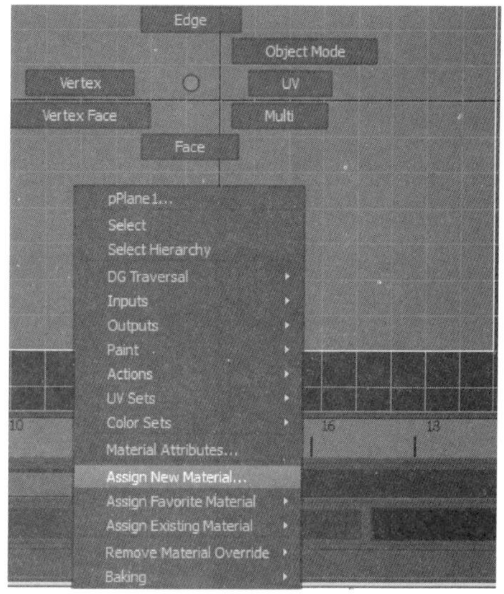

图 2-4 任务 2.1 步骤 3 图-1

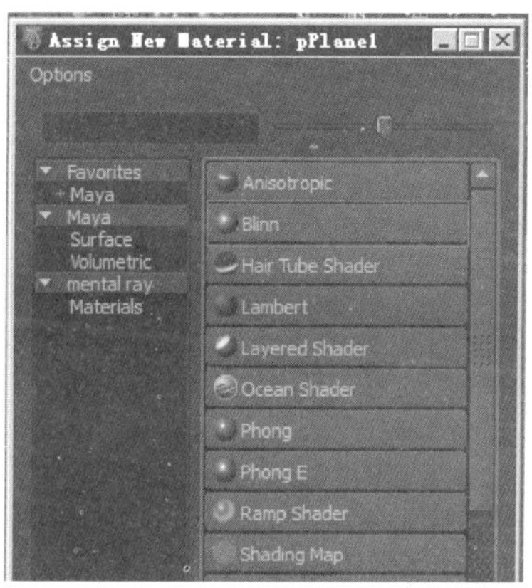

图 2-5 任务 2.1 步骤 3 图-2

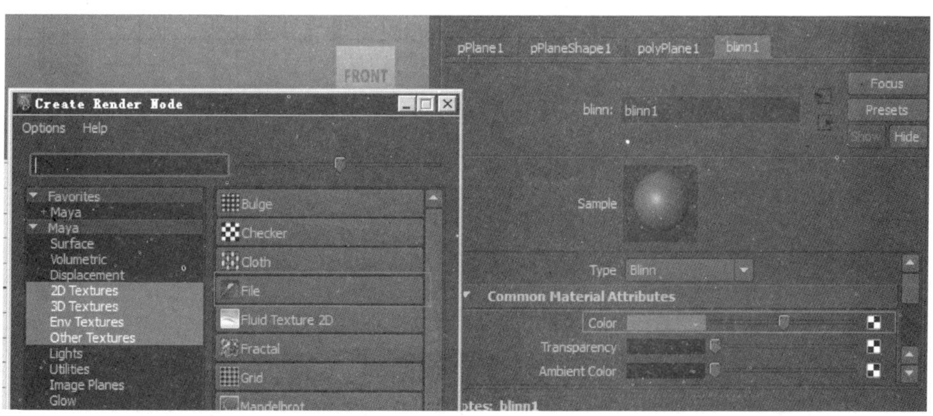

图 2-6 任务 2.1 步骤 4 图-1

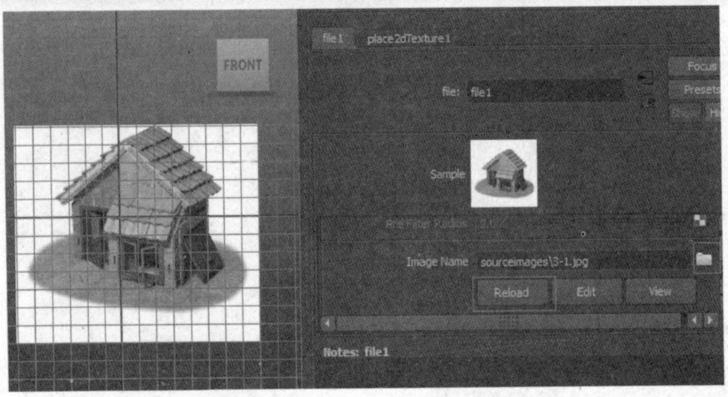

图 2-7　任务 2.1 步骤 4 图-2

(5) 按数字键 6 快捷显示材质属性，通过工具栏创建一个立方体，并在视图窗口设置 Shading(材质)|X-Ray(X 射线)，透视显示参考图，如图 2-8 所示。

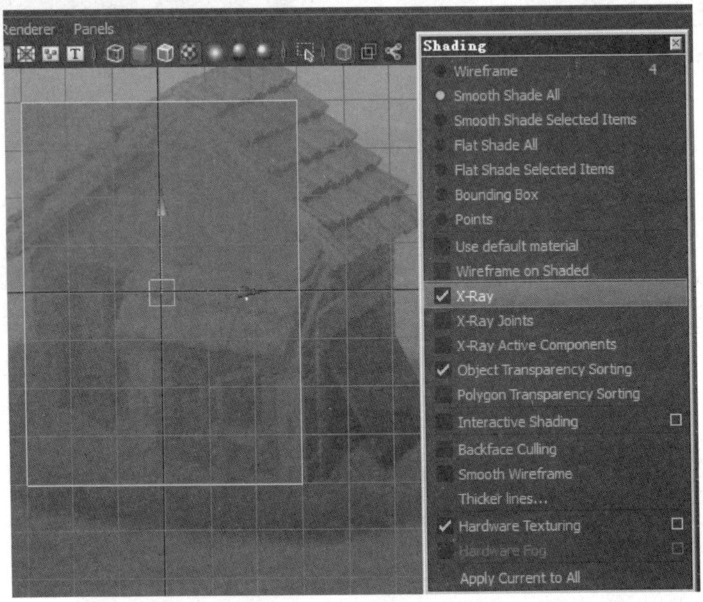

图 2-8　任务 2.1 步骤 5 图

(6) 选择立方体设置其布线属性如图 2-9 所示。

(7) 按快捷键 F9 切换到物体的点模式，初步调整形状如图 2-10 所示。

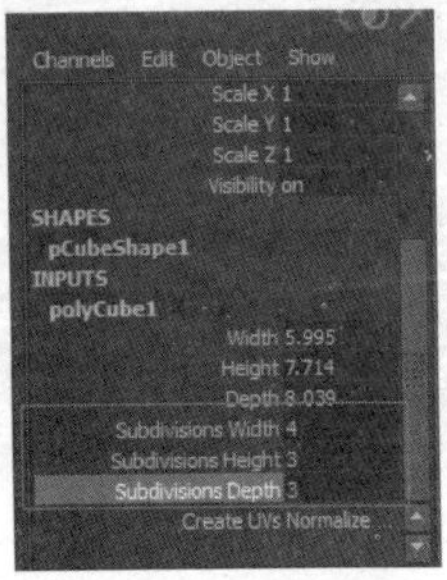

图 2-9　任务 2.1 步骤 6 图

图 2-10　任务 2.1 步骤 7 图

(8) 按快捷键 F10 切换到面级别，选择侧面单独的面，执行 Edit Mesh|Extrude，将选择的面沿着 Z 轴方向拉出适当的距离，形成凸出的侧屋墙壁，如图 2-11 所示。

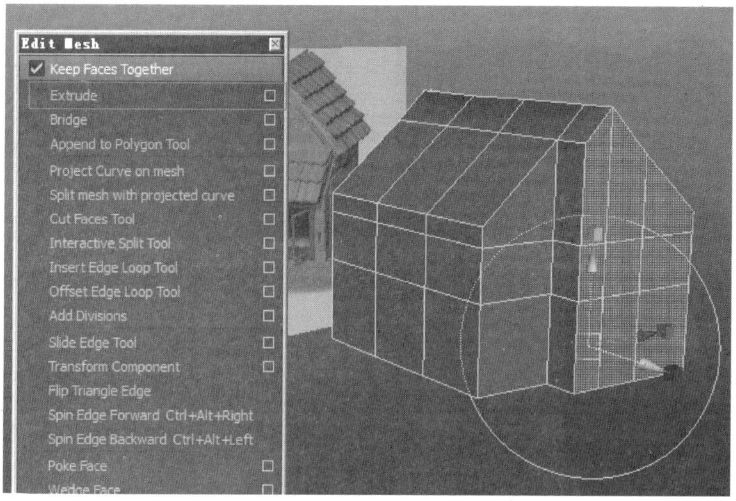

图 2-11　任务 2.1 步骤 8 图

(9) 调整布线位置，继续执行 Edit Mesh|Extrude，将凸出的小房屋部分挤压出来，如图 2-12 所示。

(10) 继续选择凸出房屋的窗户部分的面，执行 Edit Mesh|Extrude 命令，制作窗户的大框，如图 2-13 所示。

图 2-12　任务 2.1 步骤 9 图

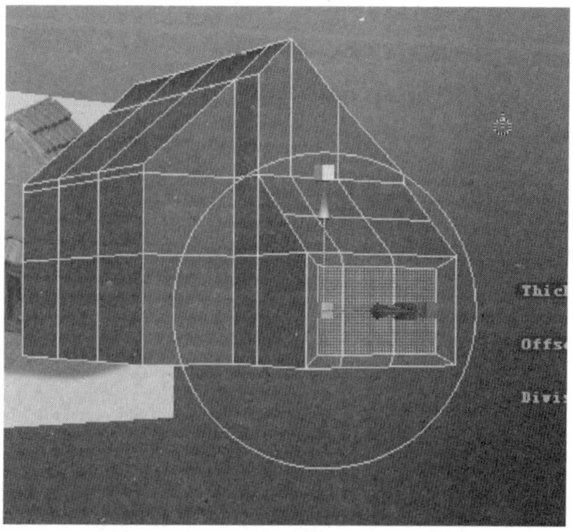

图 2-13　任务 2.1 步骤 10 图

(11) 多次执行步骤(10)，调整形状至图 2-14 所示。

(12) 切换到前视图，执行创建立方体命令，沿着窗户的布线创建立方体，调整至如图 2-15 所示。

(13) 选择窗户的前后两个面，多次执行挤压命令，调整形状至如图 2-16 所示。

(14) 选择窗户，执行快捷操作 Ctrl+D 复制，沿 X 轴调整位置至如图 2-17 所示。

图 2-14 任务 2.1 步骤 11 图

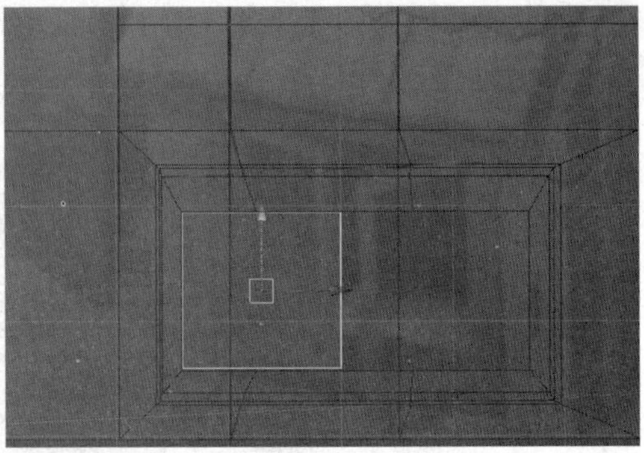

图 2-15 任务 2.1 步骤 12 图

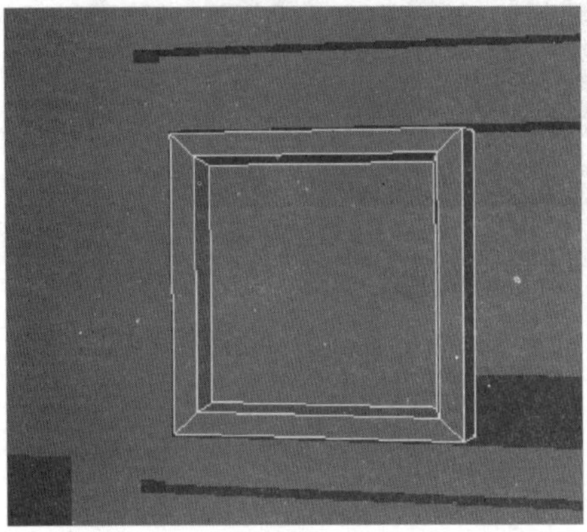

图 2-16 任务 2.1 步骤 13 图

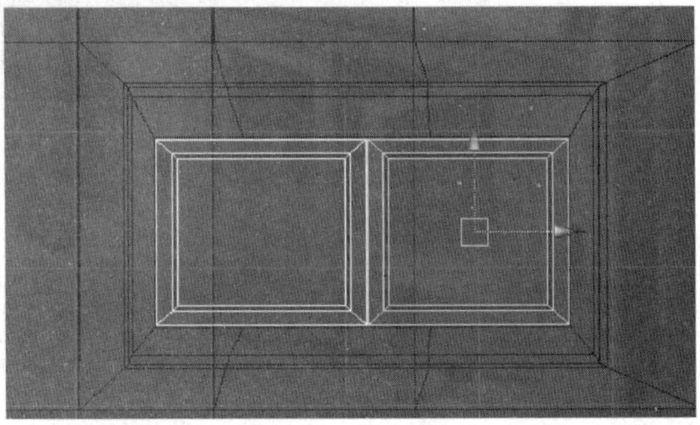

图 2-17 任务 2.1 步骤 14 图

(15) 逐个选择窗户，调整其中心点，按住 Insert 键，调整中心点至窗体与墙体的接触面，如图 2-18 所示调整完成后再次按 Insert 键关闭中心点调整状态，并调整窗户开放角度，如图 2-19 所示。

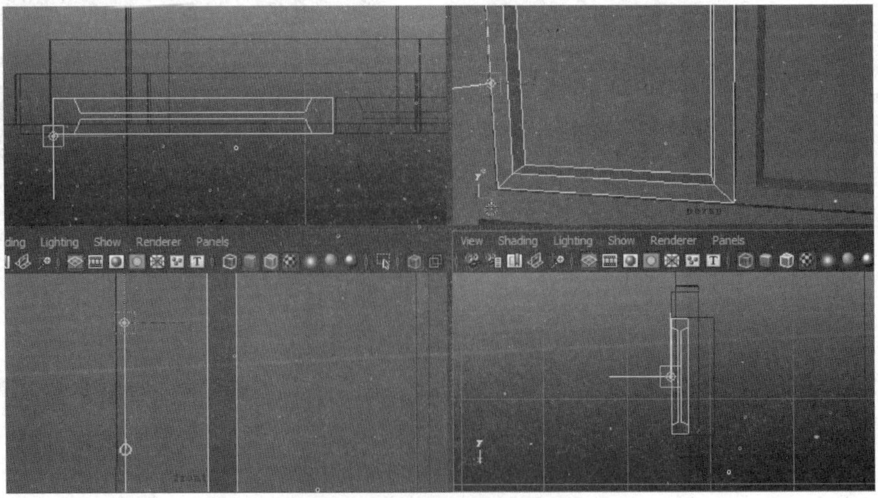

图 2-18 任务 2.1 步骤 15 图-1

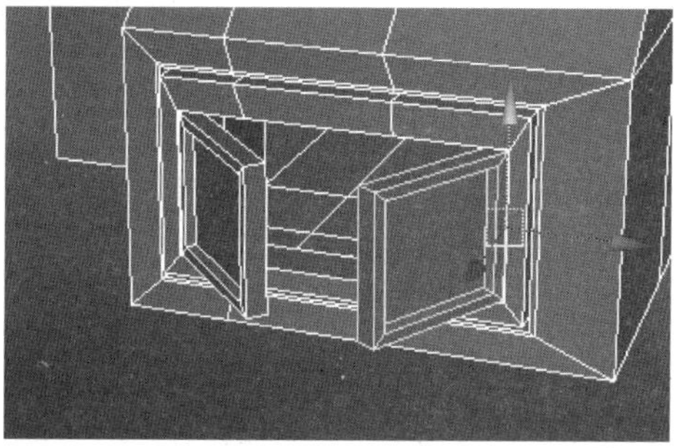

图 2-19　任务 2.1 步骤 15 图-2

(16) 选择凸面房屋同侧的小门范围的面，执行挤压命令，如图 2-20 所示，并删除底部多余的面，调整位置如图 2-21 所示。

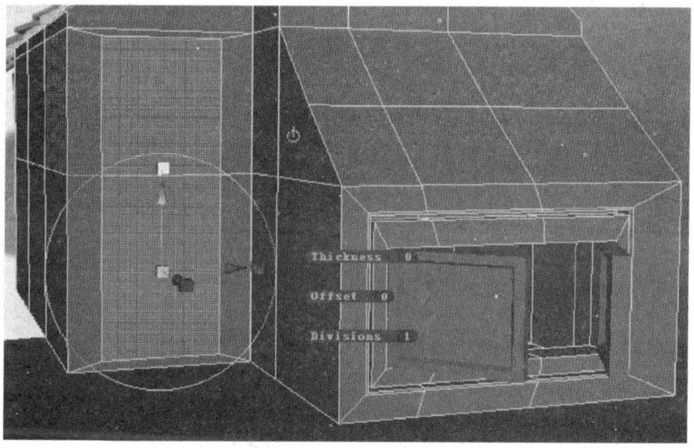

图 2-20　任务 2.1 步骤 16 图-1

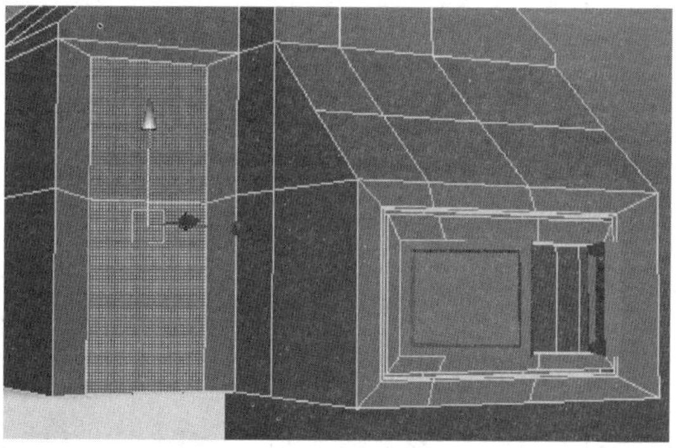

图 2-21　任务 2.1 步骤 16 图-2

(17) 继续执行挤压命令，删除底部多余的面，调整形状至如图 2-22 所示。

(18) 在门框范围创建门体立方体，并执行挤压命令调整至如图 2-23 所示。

(19) 调整中心点至门框与墙体连接处，并调整角度如图 2-24 所示。

(20) 转到房屋的右侧面，执行 Edit Mesh | Insert Edge Loop Tool 命令，插入如图 2-25 所示循环性。

图 2-22　任务 2.1 步骤 17 图

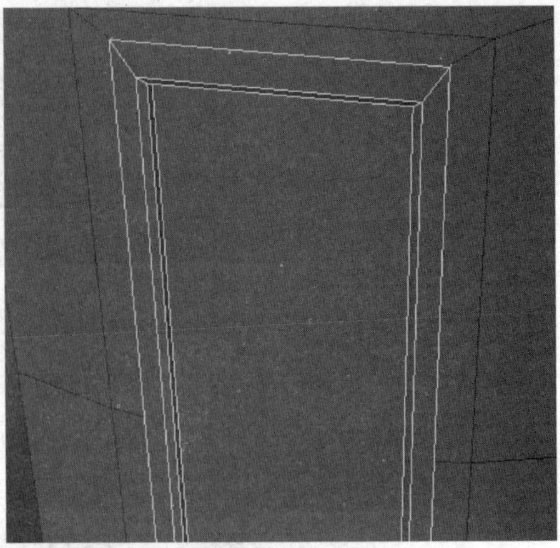

图 2-23　任务 2.1 步骤 18 图

图 2-24　任务 2.1 步骤 19 图

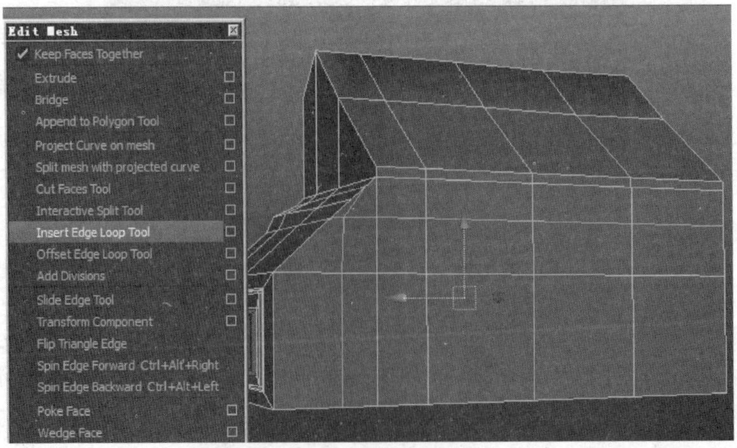

图 2-25　任务 2.1 步骤 20 图

(21) 切换到面模式,选择参考图所示的门框范围的面,执行挤压命令,制作如图 2-26 所示的门框。

(22) 如步骤(18)所示制作门体,调整布线并使用挤压命令调整形状至图 2-27 所示。

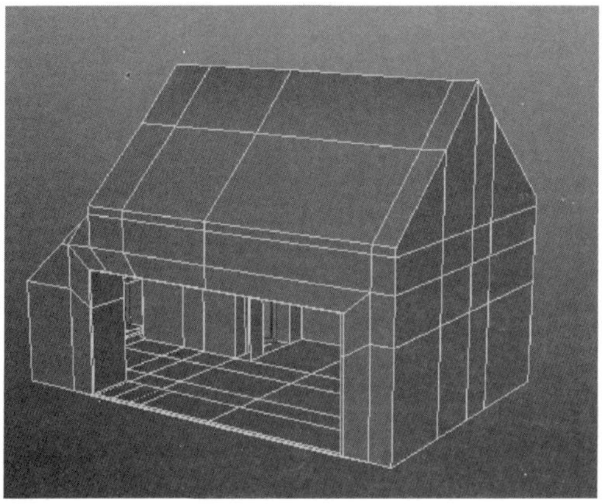

图 2-26　任务 2.1 步骤 21 图

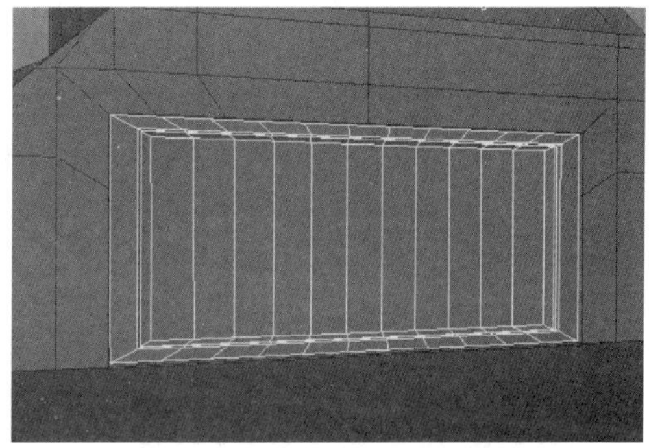

图 2-27　任务 2.1 步骤 22 图

(23) 参考房屋参考图,利用挤压命令制作门体中的凹凸,选择面以后,设置 Keep Faces Together(保持所有面在一起)处于不勾选状态,然后执行挤压命令,制作凹凸如图 2-28 所示。

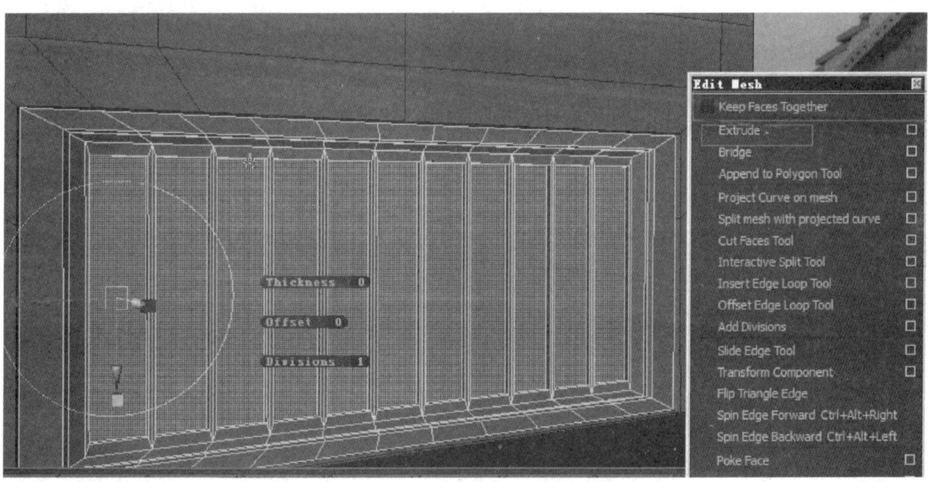

图 2-28　任务 2.1 步骤 23 图

(24) 更改门的中心点,旋转角度至如图 2-29 所示。

(25) 制作房屋屋顶,参照房屋体框斜度,制作上方的屋顶立方体,如图 2-30 所示。

(26) 选择屋顶立方体,执行 Modify(修改)|Freeze Transformations(冻结变换),将立方体基本属性值归零设置,如图 2-31 所示。

(27) 选择屋顶立方体,执行 Edit|Duplicate Special,设置参数如图 2-32 所示,制作相对的屋顶立方体。

图 2-29　任务 2.1 步骤 24 图

图 2-30　任务 2.1 步骤 25 图

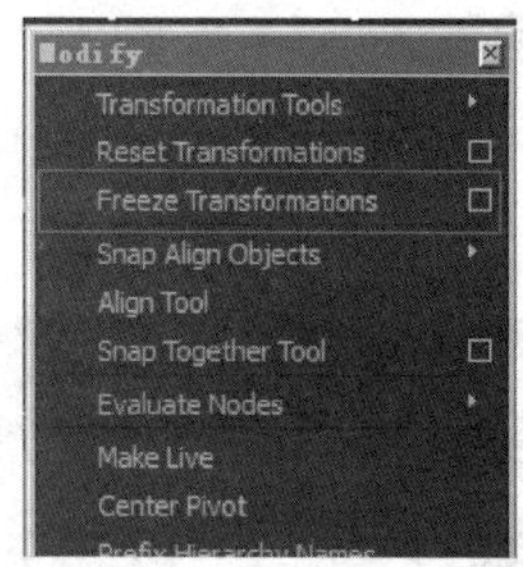

图 2-31　任务 2.1 步骤 26 图

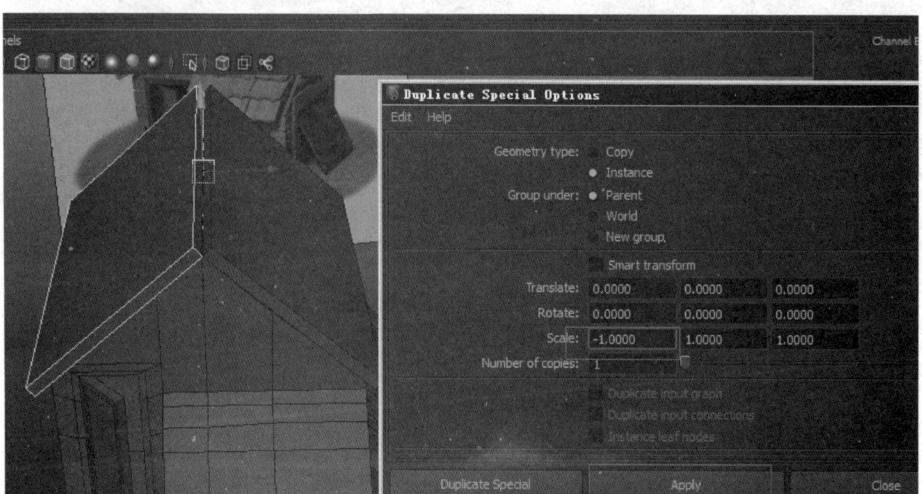

图 2-32　任务 2.1 步骤 27 图

(28) 继续制作凸出房屋的屋顶，如图 2-33 所示。

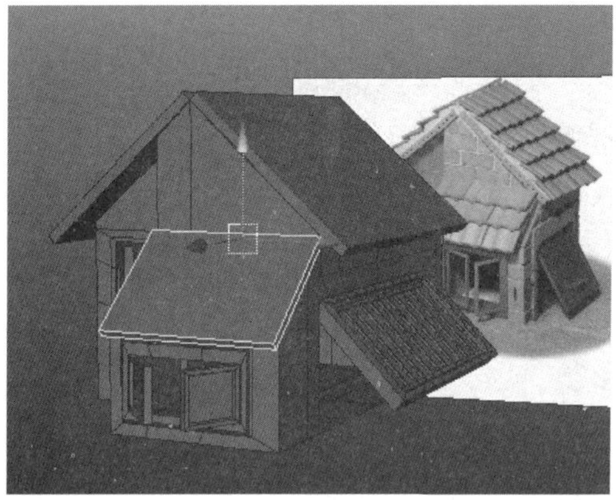

图 2-33　任务 2.1 步骤 28 图

(29) 制作瓦片，新建立方体调整布线如图 2-34 所示。

图 2-34　任务 2.1 步骤 29 图

(30) 调整形状至如图 2-35 所示。

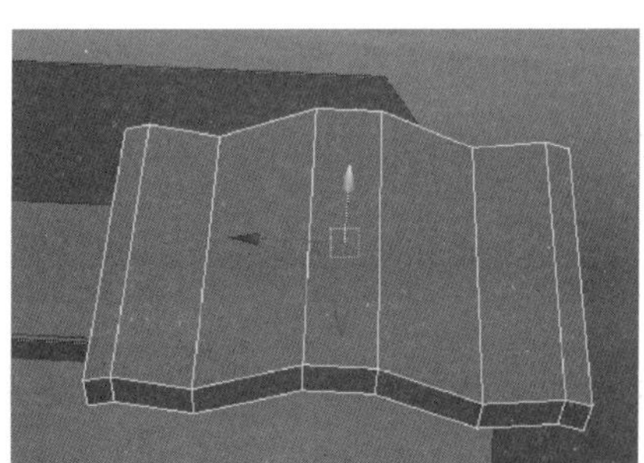

图 2-35　任务 2.1 步骤 30 图

(31) 执行 Modify|Freeze Transformations，将瓦片归零设置，如图 2-36 所示。

(32) 执行快捷命令 Ctrl+D 复制一个瓦片，调整其位置跟第一个瓦片并列相接，并记录其移动轴向数值，如图 2-37 所示。

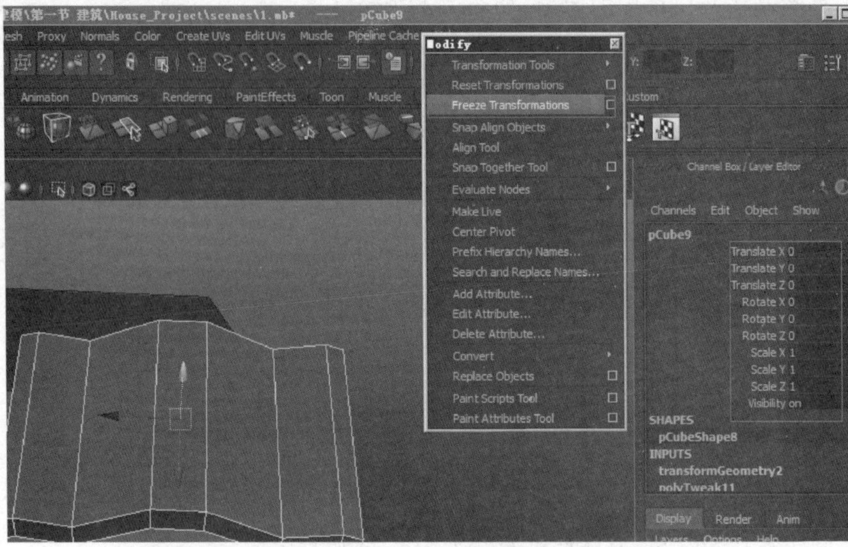

图 2-36　任务 2.1 步骤 31 图

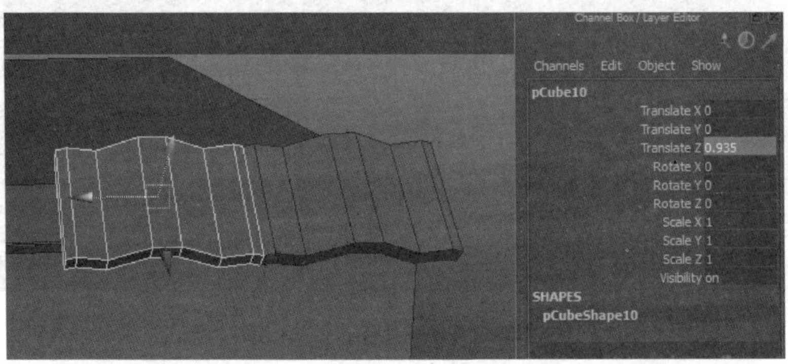

图 2-37　任务 2.1 步骤 32 图

(33) 执行 Edit|Duplicate Special，设置参数如图 2-38 所示，完成第一排瓦片的创建。

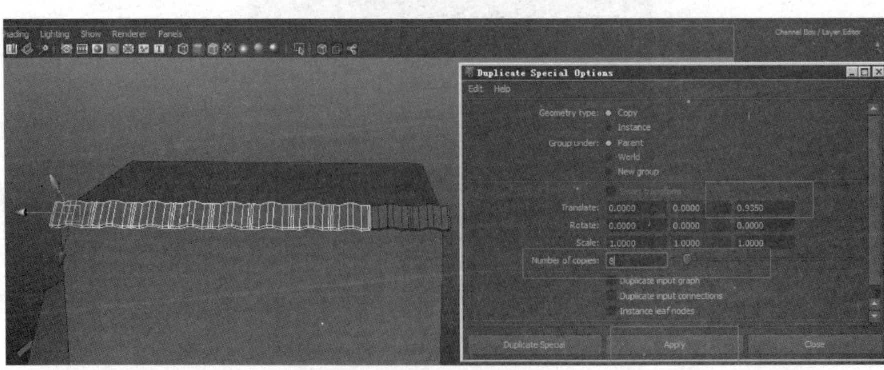

图 2-38　任务 2.1 步骤 33 图

（34）选择所有瓦片，执行 Mesh|Combine，将所有瓦片结合为一个整体，如图 2-39 所示，并执行 Modify|Center Pivot（回归中心点）。

图 2-39　任务 2.1 步骤 34 图

（35）选择合并的瓦片，执行快捷操作 Ctrl+D 复制一个瓦片组合，并移动和调整大小，如图 2-40 所示。

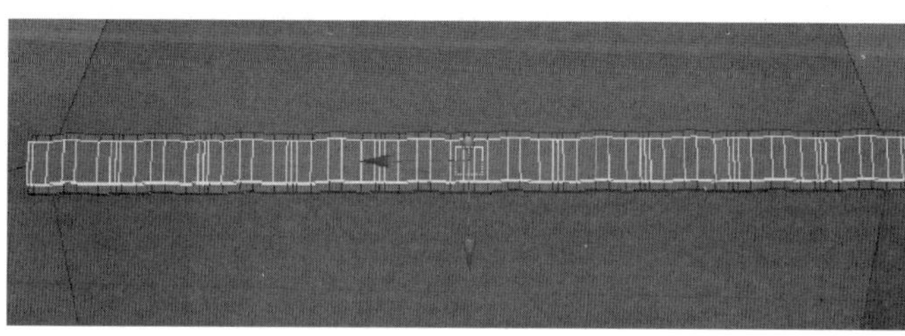

图 2-40　任务 2.1 步骤 35 图

（36）选择第一个组合瓦片，调整位置到斜坡屋顶处，并进行冻结变换归零处理，将瓦片中心点移至边缘位置，如图 2-41 所示。

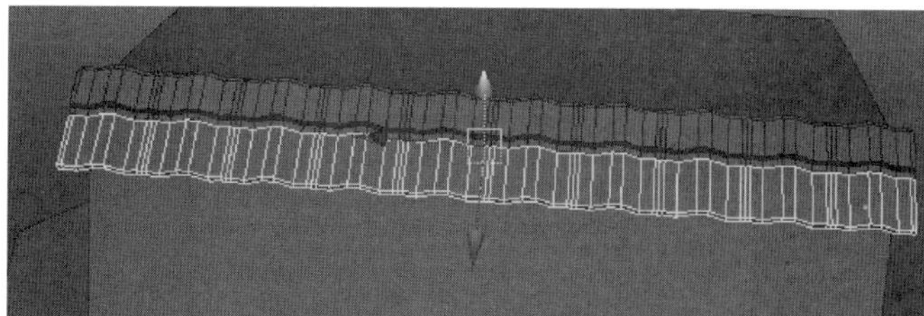

图 2-41　任务 2.1 步骤 36 图

(37) 选择步骤(36)中的组合瓦片，执行快捷操作 Ctrl+D 复制一个瓦片组合，并移动调整至边缘相接，记录其移动轴向数值，如图 2-42 所示。

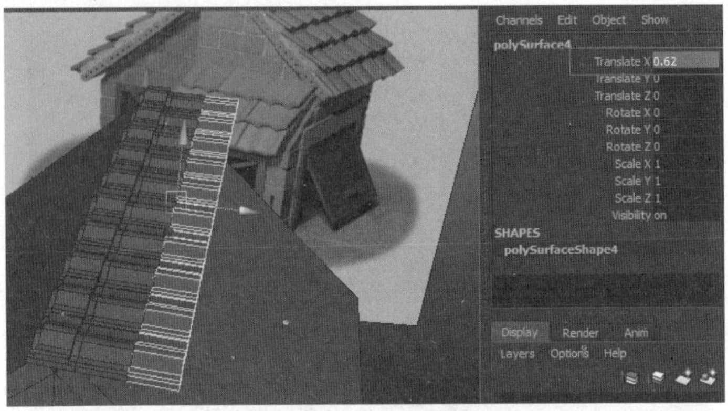

图 2-42 任务 2.1 步骤 37 图

(38) 执行 Edit|Duplicate Special，设置参数如图 2-43 所示。

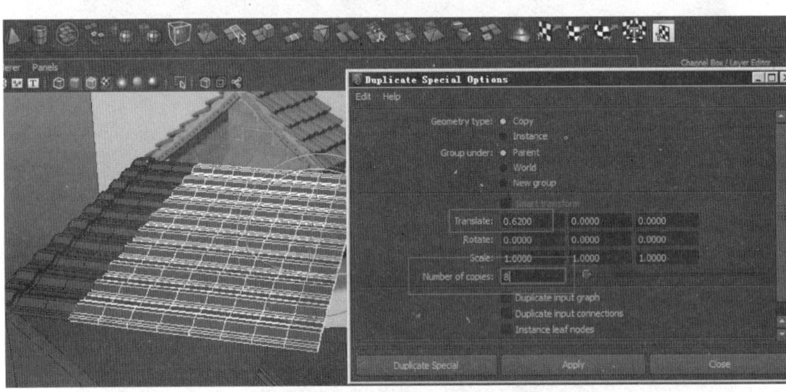

图 2-43 任务 2.1 步骤 38 图

(39) 并将复制的新组合瓦片全部选择，执行 Mesh|Combine，将所有瓦片结合为一个整体，调整中心点到第一个瓦片组合的边缘位置，旋转调整位置至如图 2-44 所示。

图 2-44 任务 2.1 步骤 39 图

(40) 选择调整好的瓦片组合，执行 Modify|Freeze Transformations，将瓦片组合归零设置，再沿 x 轴执行 Edit|Duplicate Special，并调整位置如图 2-45 所示。

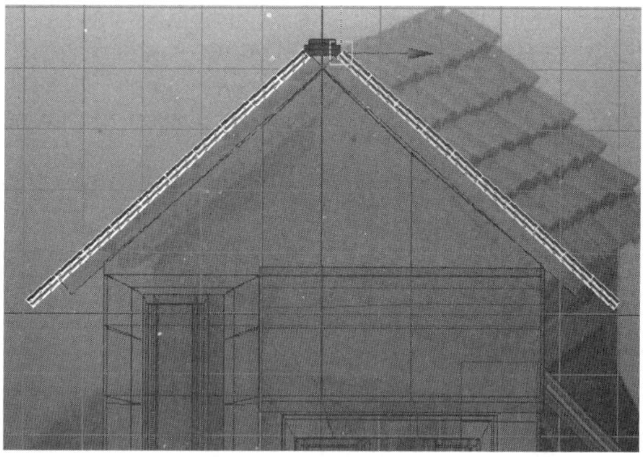

图 2-45　任务 2.1 步骤 40 图

(41) 执行步骤(29)和(30)，重新制作一个瓦片，作为凸出房屋的屋顶瓦片，继续执行步骤(37)～步骤(39)，制作完整的屋顶瓦片，完成房屋的创建，如图 2-46 所示。

图 2-46　任务 2.1 步骤 41 图

【新知解析】

(1) 调整中心点：按下 Insert 键，中心点变为圆圈形状，可通过移动属性进行调整，也可以通过快捷键 V＋鼠标左键吸附到点、快捷键 X＋鼠标左键吸附到网格、快捷键 C＋鼠标左键吸附到线。

(2) 特殊复制：Edit|Duplicate Special 可通过调整需要的属性进行多数量的复制制作。

(3) 冻结变换：Modify|Freeze Transformations 将所选物体的属性值归零设置，可以避免其他命令操作出现错误。

(4) 合并物体：Mesh|Combine 可以将两个以上的物体合并为一个整体进行操作，更加简便，制作完成后如果仍需要个体的操作，可以执行 Mesh|Seperate 将组合的物体分解开。

【任务拓展】

使用以上所学知识，自己制作完成一座完整的建筑楼房，参考图如图 2-47 所示。

图 2-47 建筑楼房模型图

【任务评价】

任务 2.1 评价表见表 2-1。

表 2-1 任务 2.1 评价表

任务 2.1 评价细则		自　评	教师评价
1	房屋主体结构		
2	门窗制作		
3	瓦片制作		
4	细部调整		
任务综合评价			

任务 2.2 生物建模——金鱼

使用 Polygons(多边形建模)模块进行金鱼建模，如图 2-48 所示。

【任务分析】

1. 制作分析

(1) 使用 Create 命令创建一个立方体。

(2) 使用 Extrude 命令完成金鱼的整体构建。

(3) 使用 Duplicate Special 完成金鱼的镜像创建。

2. 工具分析

(1) 使用 Create|Polygon Primitives|Cube 命令，通过单击拖动在视图中绘制一个长方体。

图 2-48　金鱼建模

(2) 使用 Cube 属性级别，对立方体变换进行各种基本属性调节，修改立方体的形状和位置。

(3) 使用 Extrude 命令完成金鱼各个部分的细致创建。

(4) 使用 Duplicate Special 完成金鱼的镜像创建。

3. 学习目标

通过本任务的制作，要求掌握如下内容。

(1) 学习使用 Extrude 命令。

(2) 学习使用 Duplicate Special 中的镜像命令。

【任务实施】

(1) 新建项目。单击 File|Project Window 命令，打开 Project Window 属性窗口，在窗口中指定项目名称和位置，单击 Accept 按钮完成项目目录的创建。

(2) 在快捷菜单栏目选择 Surface 模块，选择立方体进行创建，如图 2-49 所示。

(3) 调整位置和大小，并删掉多余的三个面，将剩下的面作为顶视图、前视图、侧视图的参考，如图 2-50 所示。

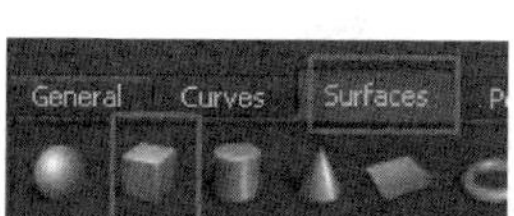

图 2-49　任务 2.2 步骤 2 图

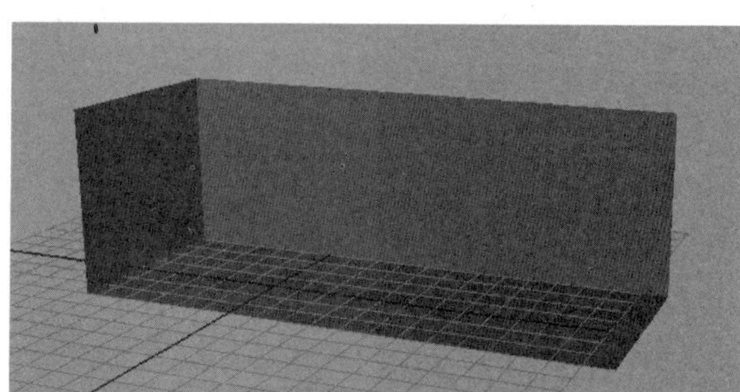

图 2-50　任务 2.2 步骤 3 图

(4) 选择其中的顶视图面片，右击，在出现的下拉菜单中选择 Assign New Material (添加新的材质球)命令，如图 2-51 所示。

(5) 在弹出的材质球编辑器中选择 Lambert 材质球，如图 2-52 所示。

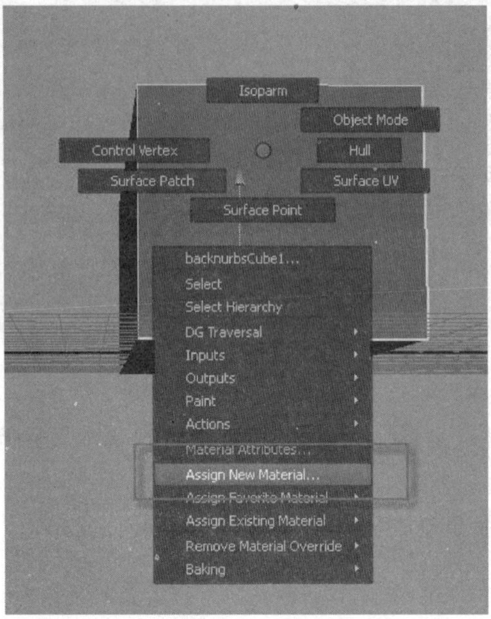

图 2-51　任务 2.2 步骤 4 图

图 2-52　任务 2.2 步骤 5 图

（6）在界面右侧的属性编辑栏中选择 Lambert2 选显卡下的 Color（色彩）后面的棋盘格，进入编辑模式，如图 2-53 所示。

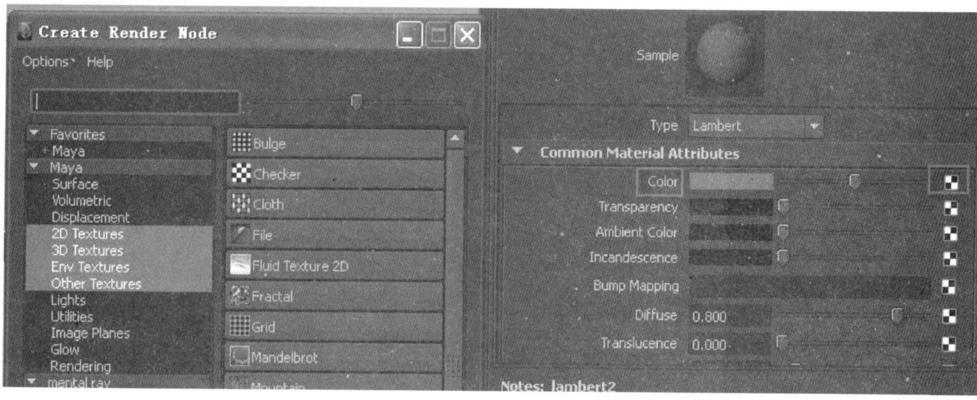

图 2-53　任务 2.2 步骤 6 图

（7）选择右栏侧的 File，在弹出的右侧属性编辑器中选择 Image Name（文件名字）后面的按钮，选择要作为参考的图片 source image-top，完成图片材质的添加，如图 2-54 所示。

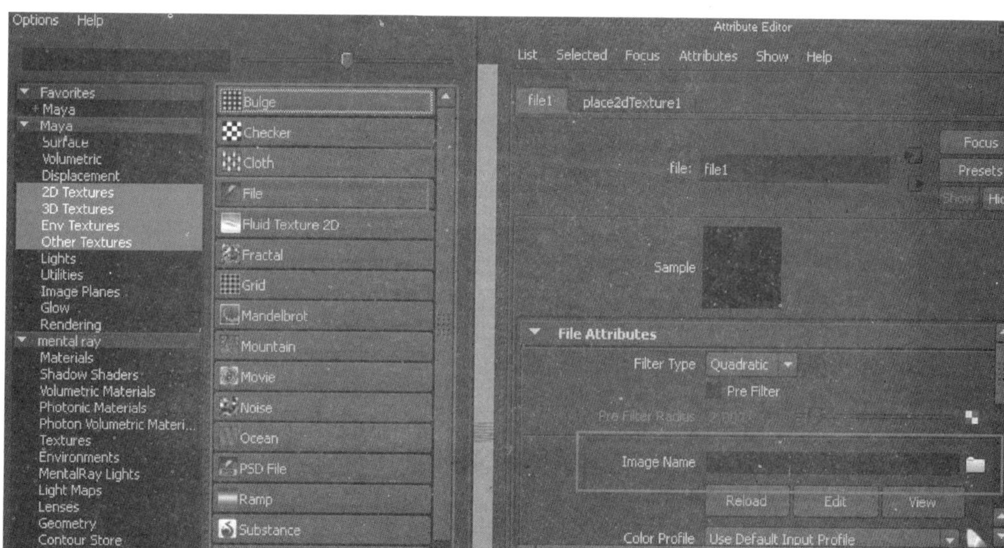

图 2-54　任务 2.2 步骤 7 图

（8）选择添加材质的面片，按下数字快捷键 6 显示其材质属性，如图 2-55 所示。

（9）参照步骤（1）～步骤（8）再分别完成侧视图和前视图的材质附加，如图 2-56 所示。

（10）选择 Shading|X-Ray（X 射线），开启顶视图、侧视图、前视图的透视射线，辅助建模，如图 2-57 所示。

（11）单击 Create|Polygon Primitives|Cube 命令，创建一个立方体，如图 2-58 所示。

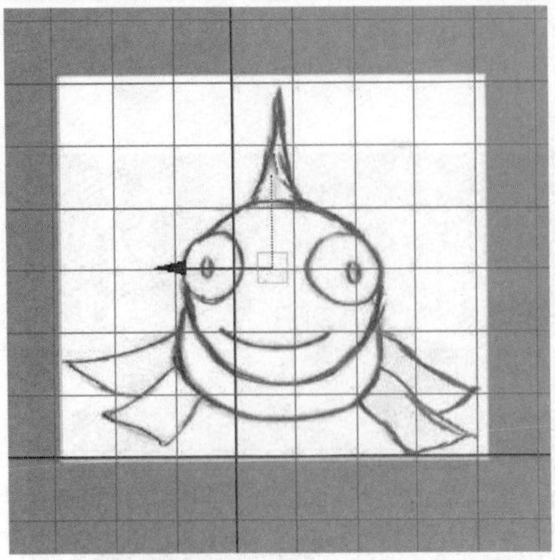

图 2-55　任务 2.2 步骤 8 图

图 2-56　任务 2.2 步骤 9 图

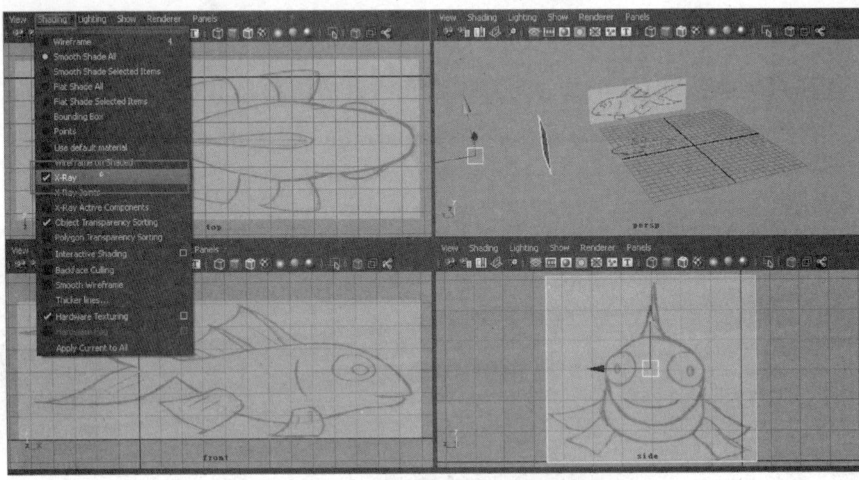

图 2-57　任务 2.2 步骤 10 图

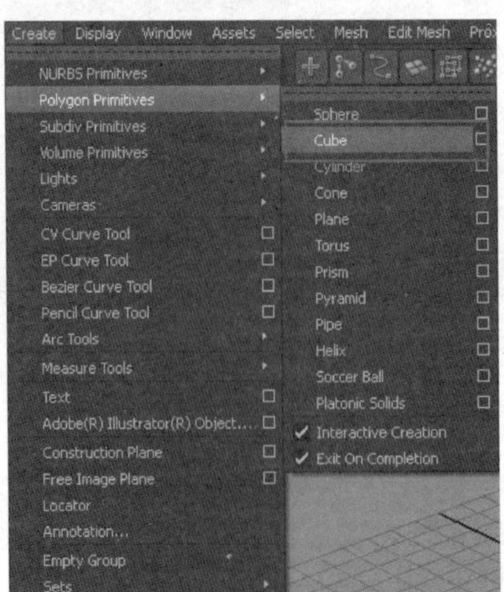

图 2-58　任务 2.2 步骤 11 图

(12) 长方体参数设置如图 2-59 所示。

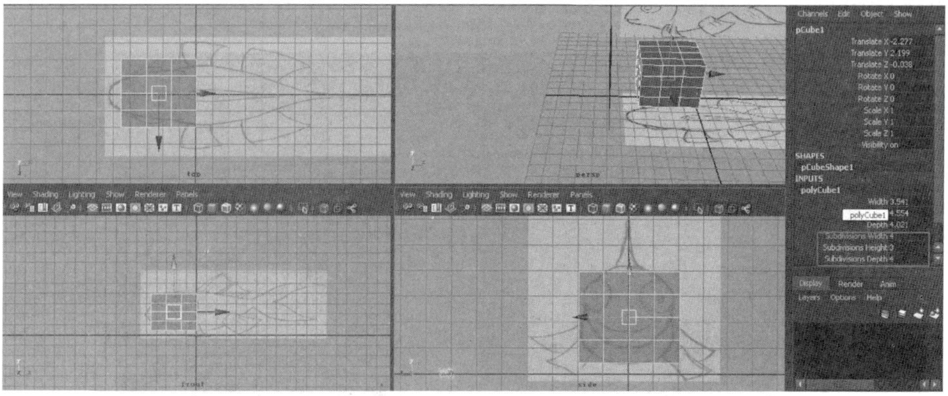

图 2-59 任务 2.2 步骤 12 图

(13) 按下快捷键 F11(面级别),选择对称的、未调整的另一半,按下键盘中的 Delete (删除),删除选择的面,如图 2-60 所示。

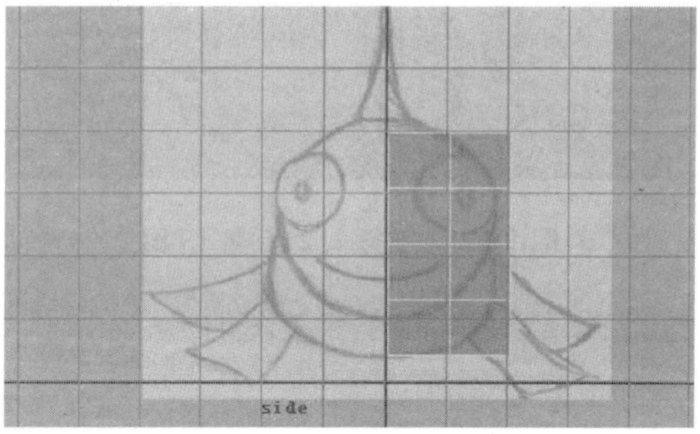

图 2-60 任务 2.2 步骤 13 图

(14) 按下快捷键 F9(点级别),参照参考图进行形状的基本调整,如图 2-61 所示。

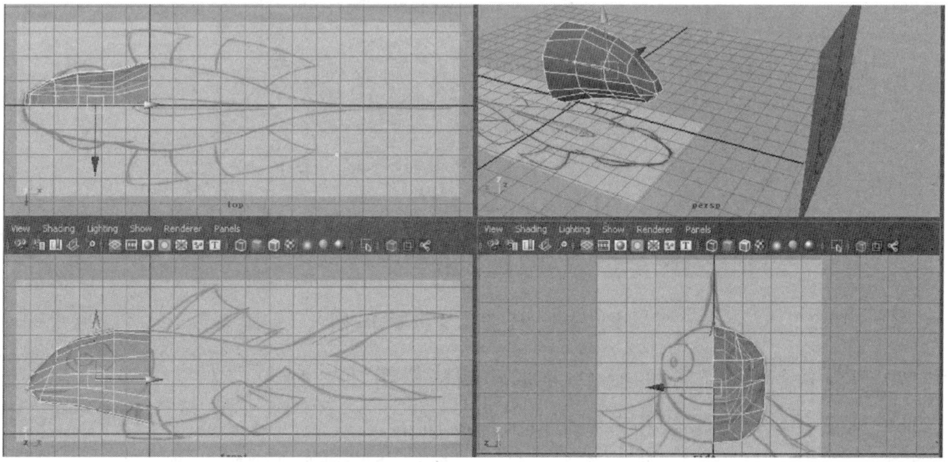

图 2-61 任务 2.2 步骤 14 图

(15) 按下 F11(面模式)键将模型切换到面模式下,选择模型尾部的面,执行 Edit Mesh|Exdrude 命令,如图 2-62 所示。

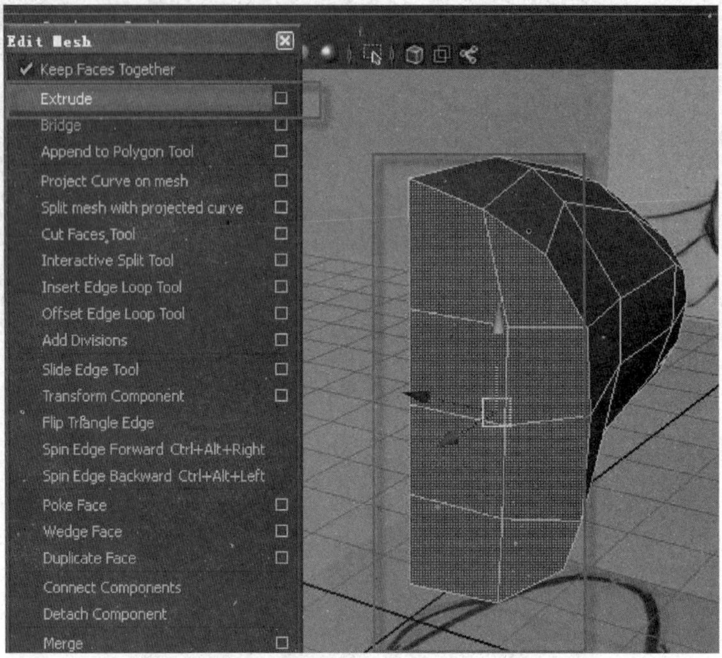

图 2-62　任务 2.2 步骤 15 图

(16) 将挤压出的面进行调整,使其符合参考图的形状,如图 2-63 所示。

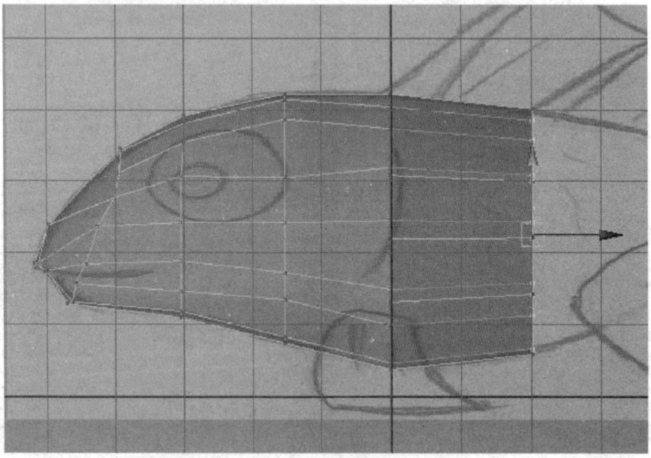

图 2-63　任务 2.2 步骤 16 图

(17) 反复执行步骤(16)的操作,将形状调整至图 2-64 所示。

(18) 调整金鱼尾部形状和布线,如图 2-65 所示。

(19) 选择金鱼尾部的面执行挤压命令,调整形状和布线如图 2-66 所示。

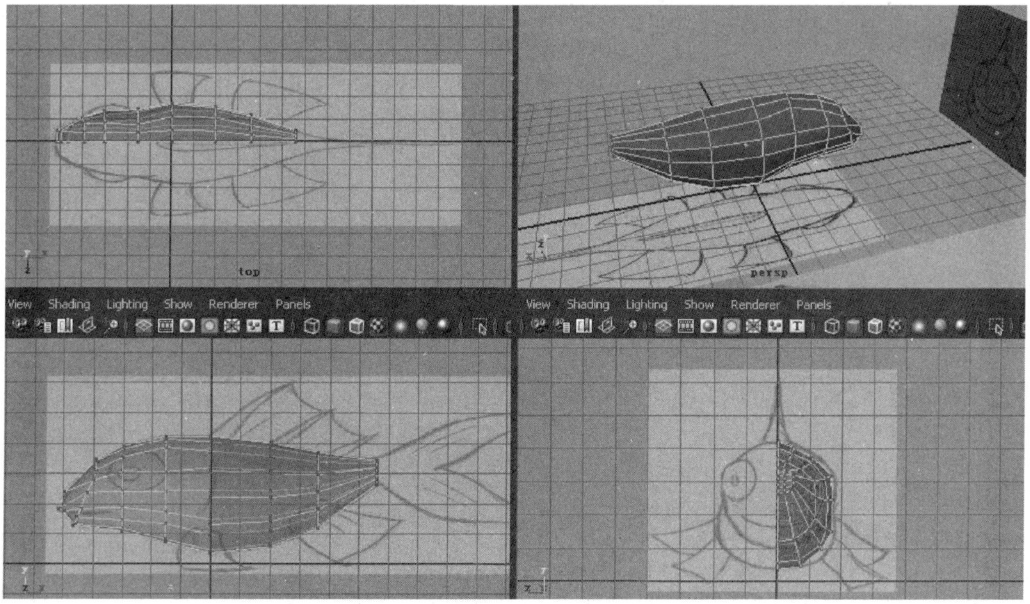

图 2-64 任务 2.2 步骤 17 图

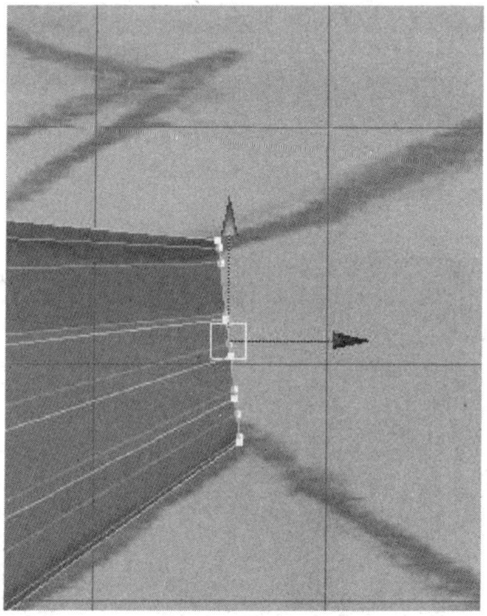

图 2-65 任务 2.2 步骤 18 图

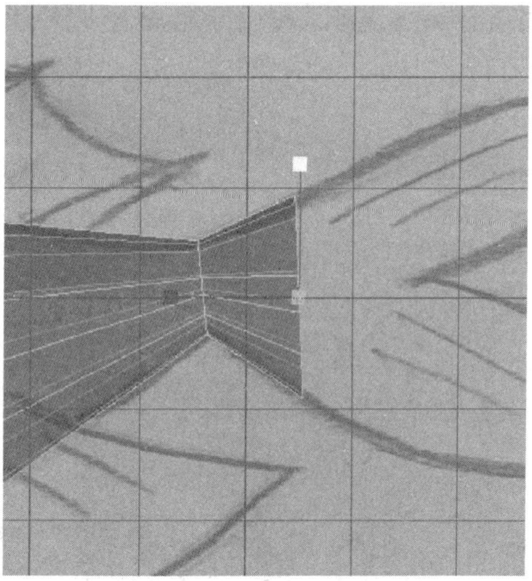

图 2-66 任务 2.2 步骤 19 图

(20) 继续挤压,调整形状和布线如图 2-67 所示。

(21) 放到透视图中,调整尾鳍的厚度布线,如图 2-68 所示。

(22) 选择尾鳍中的部分面执行挤压操作,调整形状和布线如图 2-69 所示。

(23) 选择剩余部分的面,执行挤压命令,调整形状和布线如图 2-70 所示。

(24) 执行 Edit Mesh|Insert Edge Loop Tool,在如图 2-71 的位置插入循环线,并调整布线和位置。

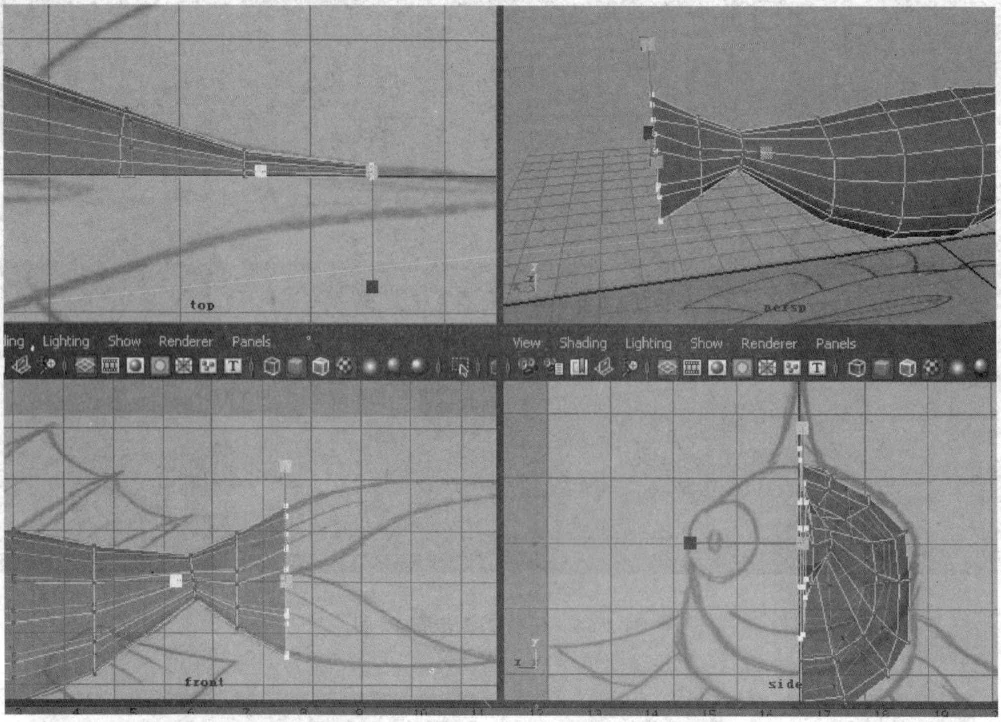

图 2-67　任务 2.2 步骤 20 图

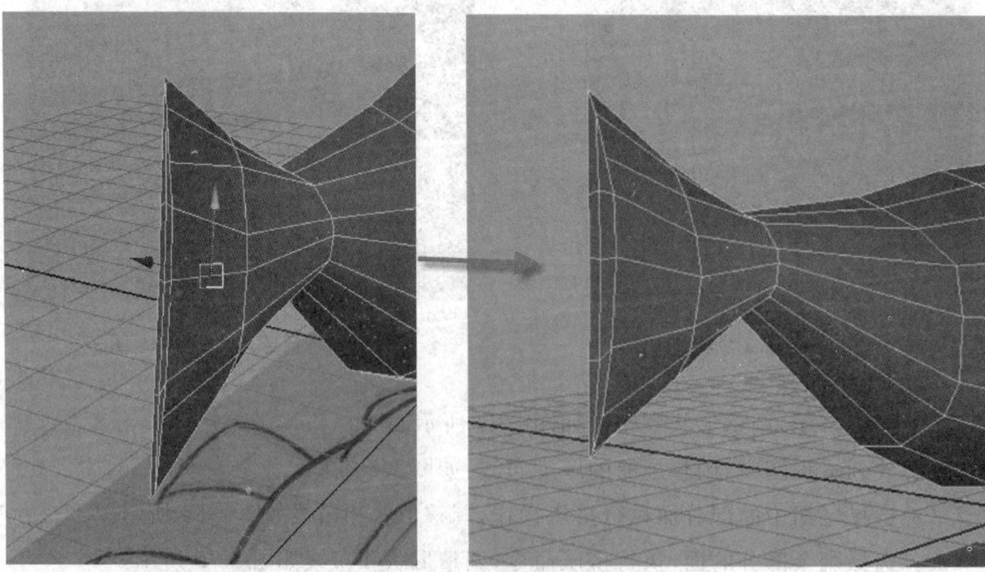

图 2-68　任务 2.2 步骤 21 图

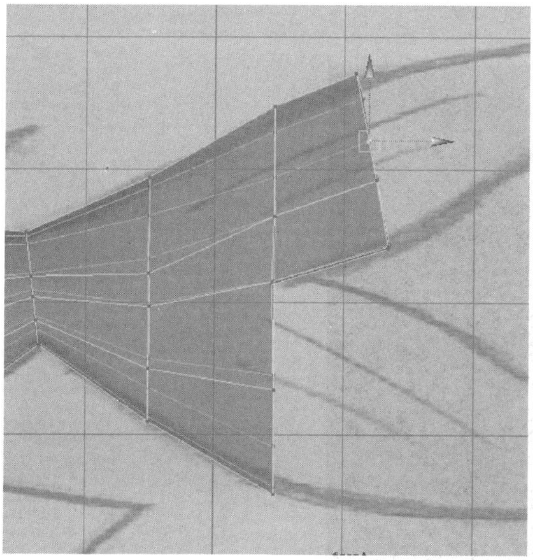

图 2-69　任务 2.2 步骤 22 图

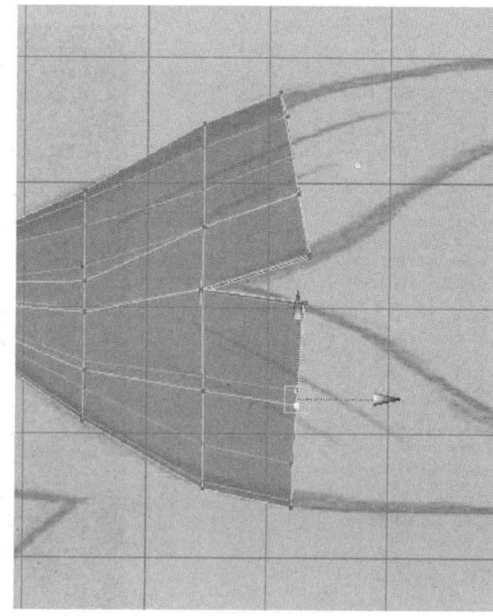

图 2-70　任务 2.2 步骤 23 图

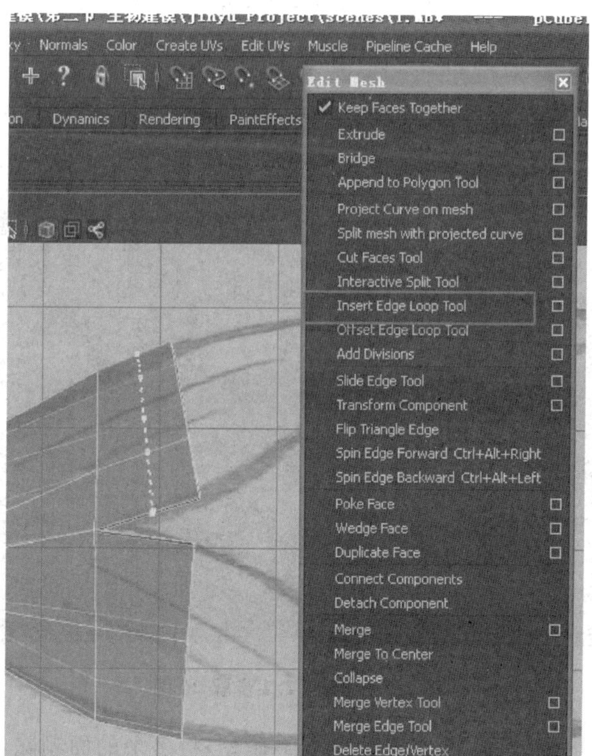

图 2-71　任务 2.2 步骤 24 图

(25) 按下 G 键重复步骤(24)的命令操作,在下方的尾鳍上插入循环线,调整布线和形状如图 2-72 所示。

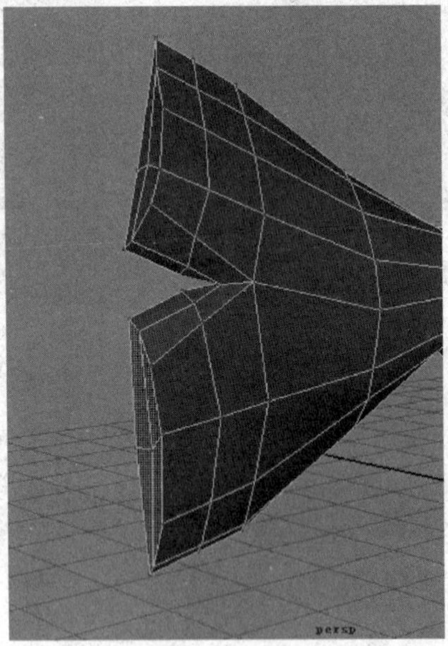

图 2-72 任务 2.2 步骤 25 图

(26) 选择尾鳍底部的面继续执行挤压操作,调整布线和形状完成尾鳍制作,如图 2-73 所示。

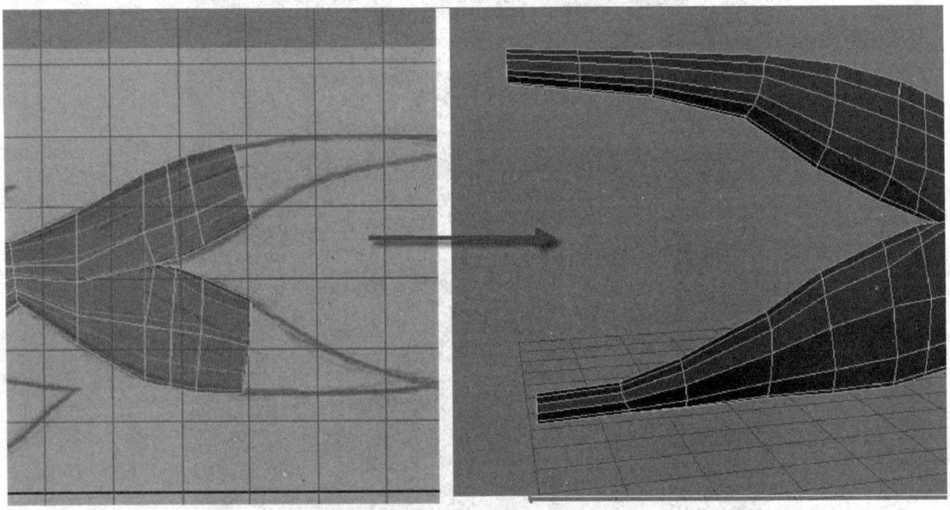

图 2-73 任务 2.2 步骤 26 图

(27) 选择鱼鳍内侧的面,执行键盘 Delete 命令,将多余的面删除,如图 2-74 所示。

(28) 选择眼部周围的点,调整位置和布线,如图 2-75 所示。

(29) 在眼部位置添加循环线,并调整布线和形状,如图 2-76 所示。

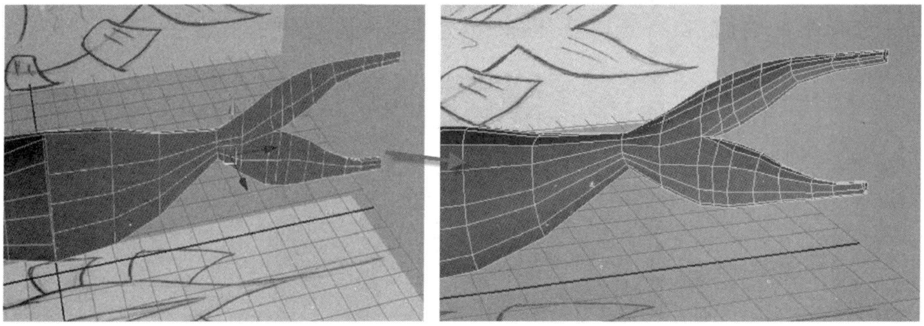

图 2-74　任务 2.2 步骤 27 图

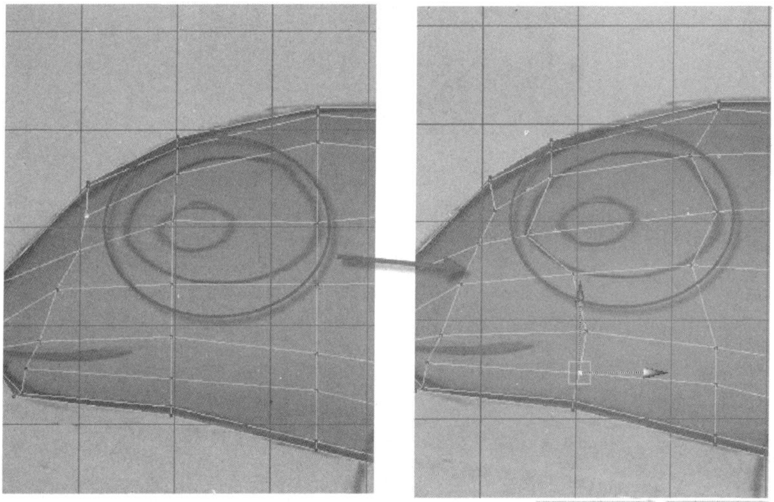

图 2-75　任务 2.2 步骤 28 图

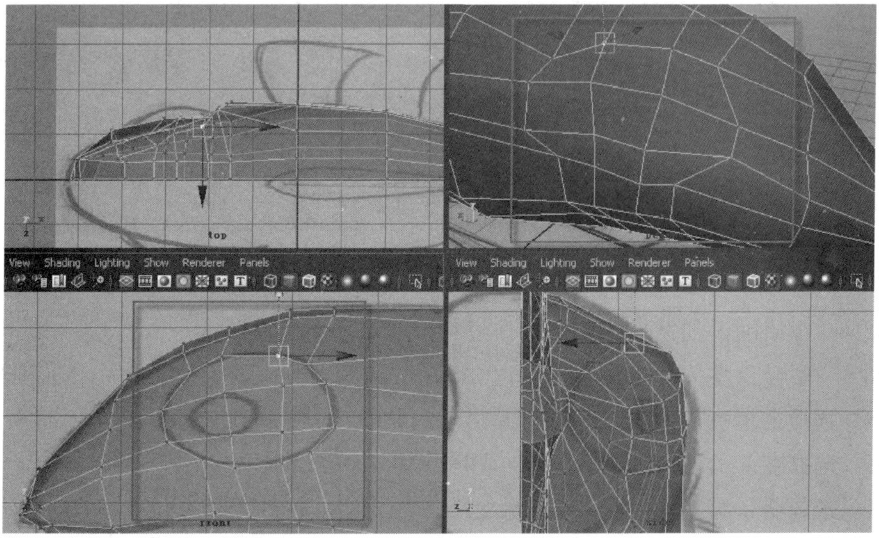

图 2-76　任务 2.2 步骤 29 图

(30) 选择眼部的面,执行三次挤压命令,并调整布线和形状如图 2-77 所示。

图 2-77　任务 2.2 步骤 30 图

(31) 创建一个球体作为金鱼的眼球,放在眼部范围,并调整布线和形状,如图 2-78 所示。

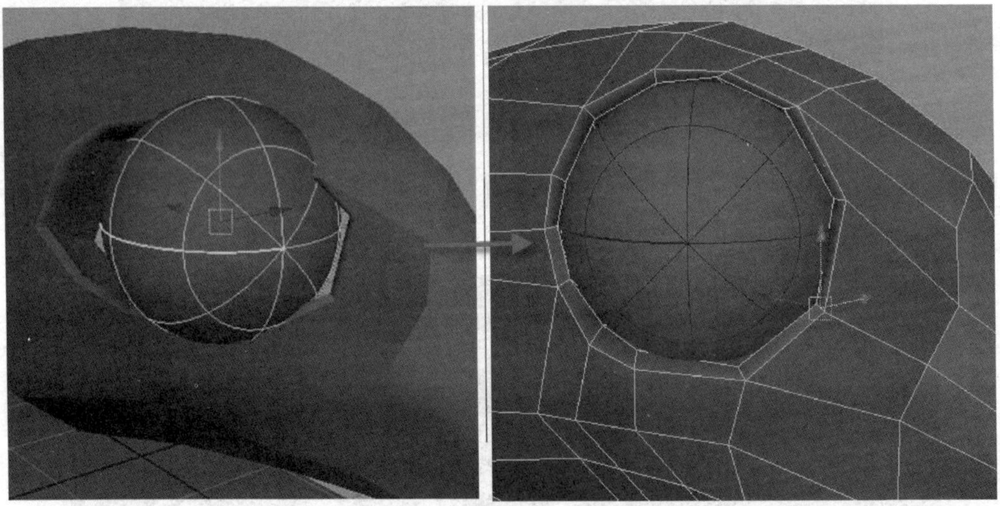

图 2-78　任务 2.2 步骤 31 图

(32) 在眼周围添加循环线并调整布线和形状,如图 2-79 所示。

(33) 调整金鱼整体的布线和形状,如图 2-80 所示,将金鱼的鱼身部位进行细部处理。

(34) 选择金鱼嘴部的点、面,调整其形状和布线,如图 2-81 所示。

(35) 选择嘴部的面,执行挤压命令,调整形状和布线如图 2-82 所示。

(36) 选择金鱼模型,在身体部分添加循环线,并结合鱼鳍形状和位置调整布线和形状如图 2-83 所示。

(37) 选择侧面鱼鳍的面,执行挤压命令,并调整形状和布线,如图 2-84 所示。

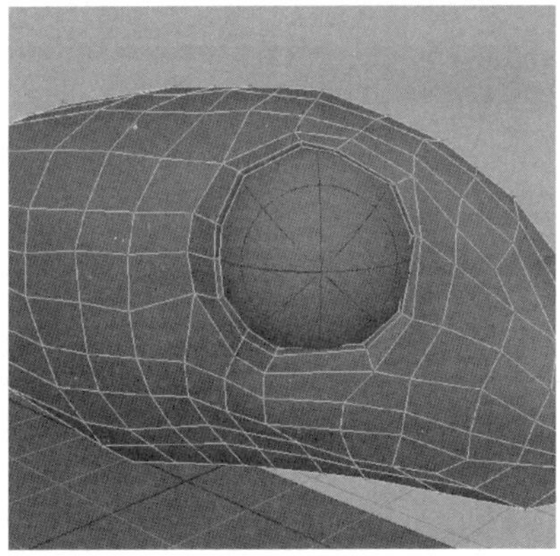

图 2-79　任务 2.2 步骤 32 图

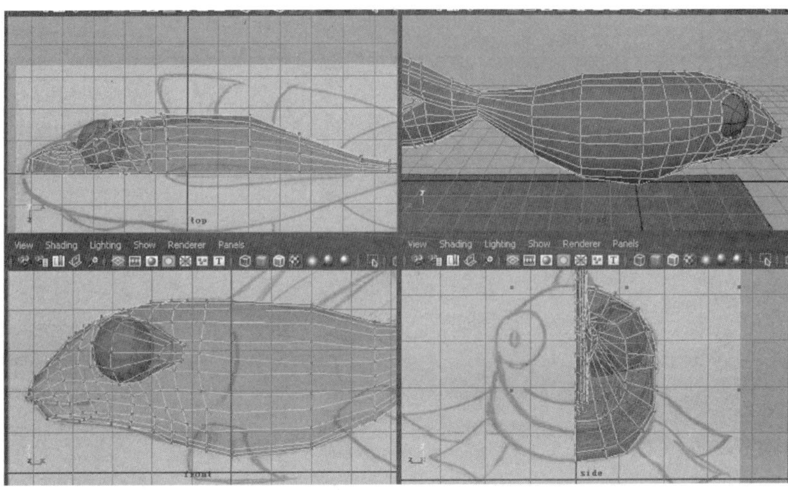

图 2-80　任务 2.2 步骤 33 图

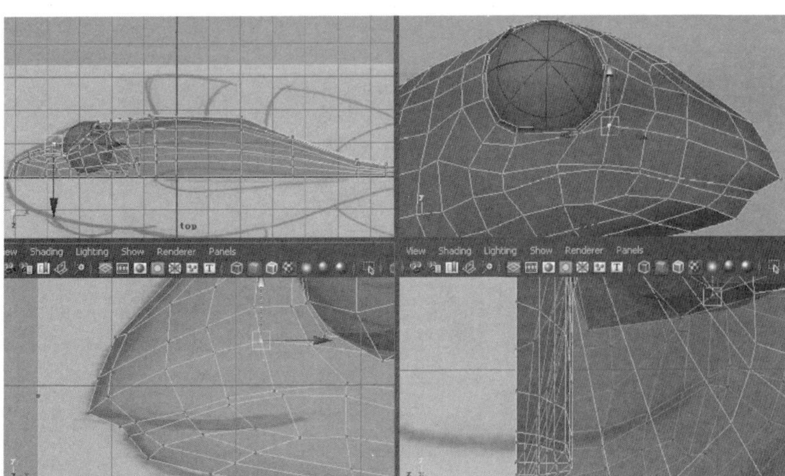

图 2-81　任务 2.2 步骤 34 图

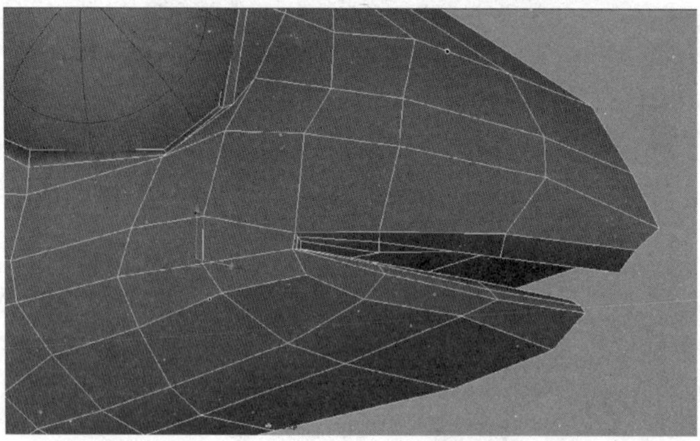

图 2-82　任务 2.2 步骤 35 图

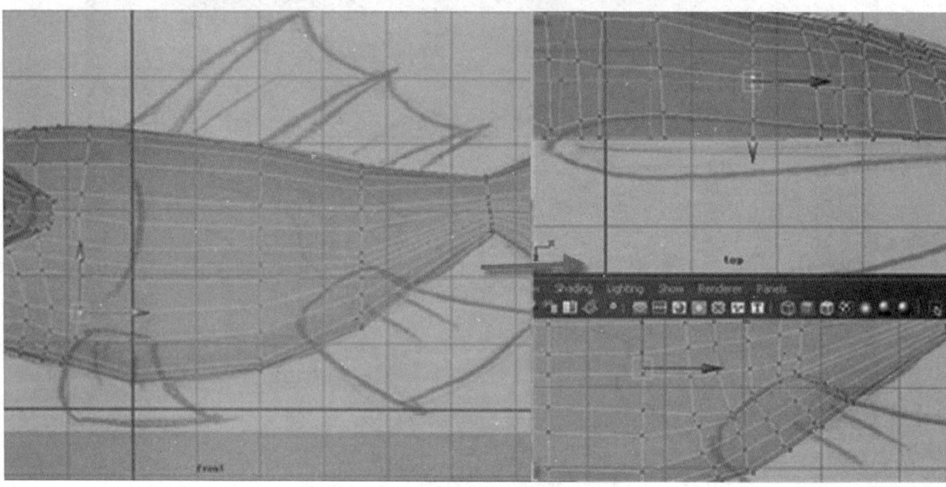

图 2-83　任务 2.2 步骤 36 图

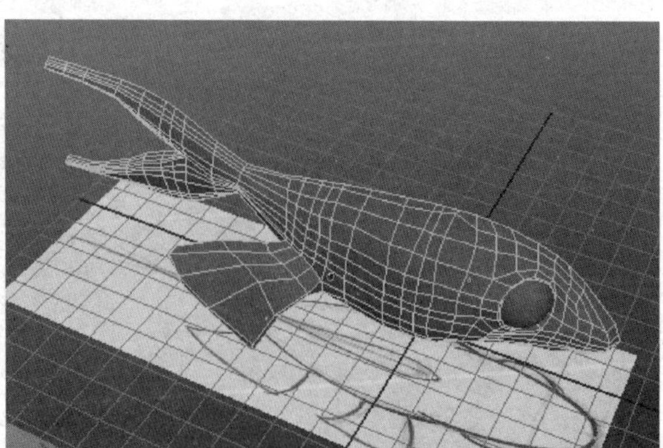

图 2-84　任务 2.2 步骤 37 图

(38) 继续选择侧面头部以下鱼鳍的面，执行挤压命令，并调整形状和布线，如图 2-85 所示。

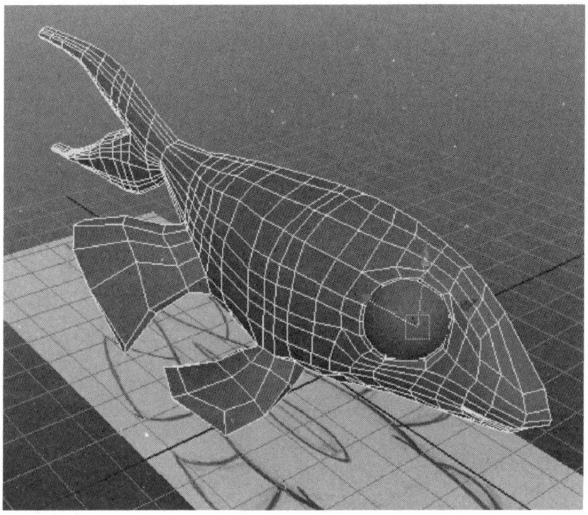

图 2-85 任务 2.2 步骤 38 图

(39) 继续选择顶部鱼鳍的面，执行挤压命令，并调整形状和布线，删除因挤压产生的多余的面，如图 2-86 所示。

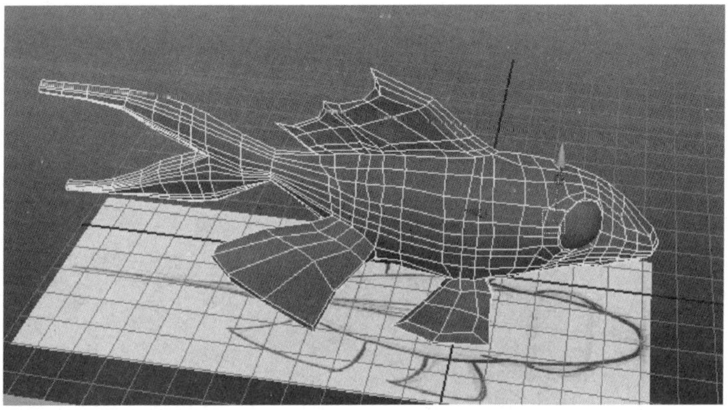

图 2-86 任务 2.2 步骤 39 图

(40) 选择金鱼眼球，按住 Shift 键继续选择金鱼身体，按下快捷键 P，将眼球和金鱼身体建立父子关系。

(41) 选择做好的一半金鱼，执行 Edit|Duplicate Special，调整参数，进行镜像复制，如图 2-87 所示。

(42) 镜像复制以后，继续细致调整建模形状至两个金鱼半面可以完全接融，如图 2-88 所示。

(43) 使用绘画雕刻工具 Mesh|Sculpt Geometry(绘画雕刻)，单击后面的□按钮，调整参数如图 2-89 所示。

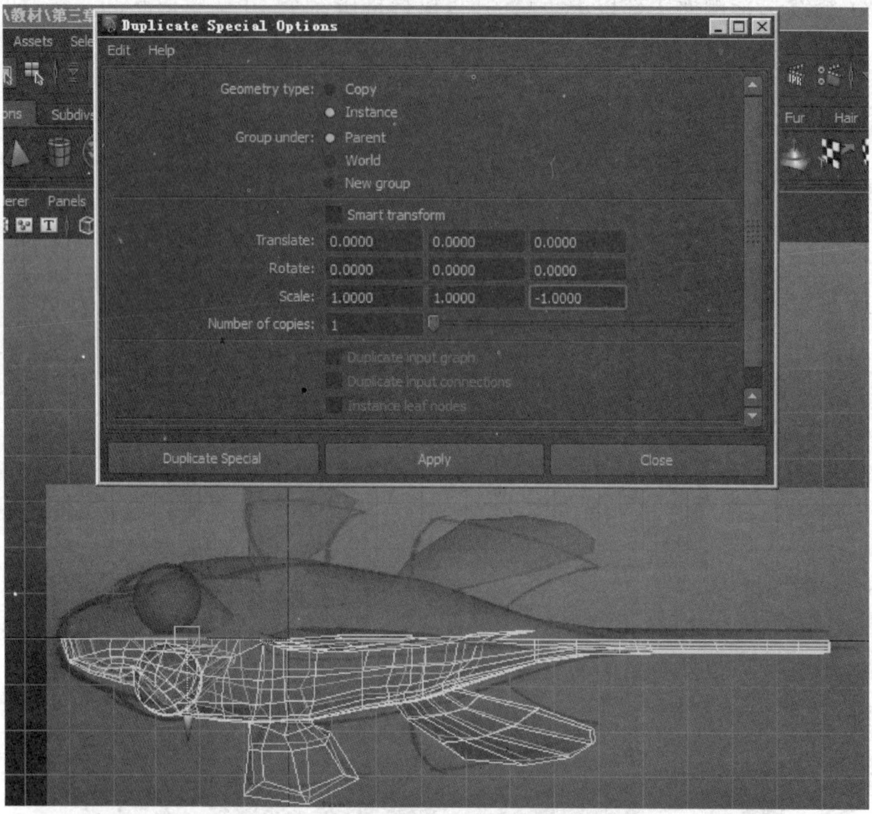

图 2-87　任务 2.2 步骤 40 图

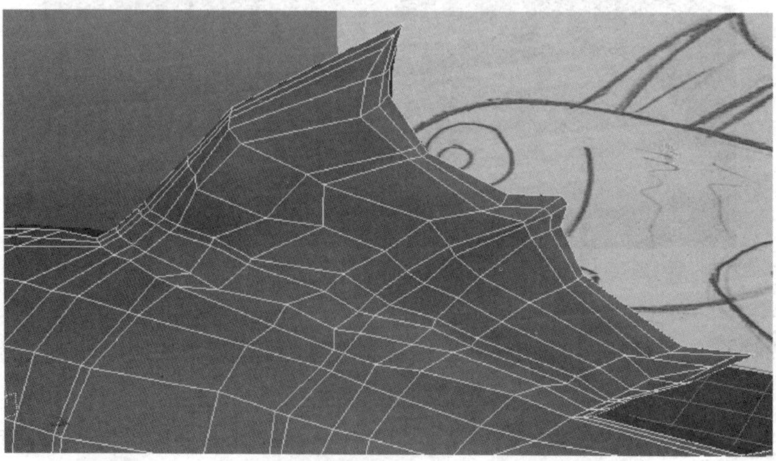

图 2-88　任务 2.2 步骤 41 图

(44) 选择金鱼建模，进行绘画调整布线(B 键＋单击拖动调整画笔大小)，如图 2-90 所示。

(45) 调整布线至形体突出，布线均匀，如图 2-91 所示。

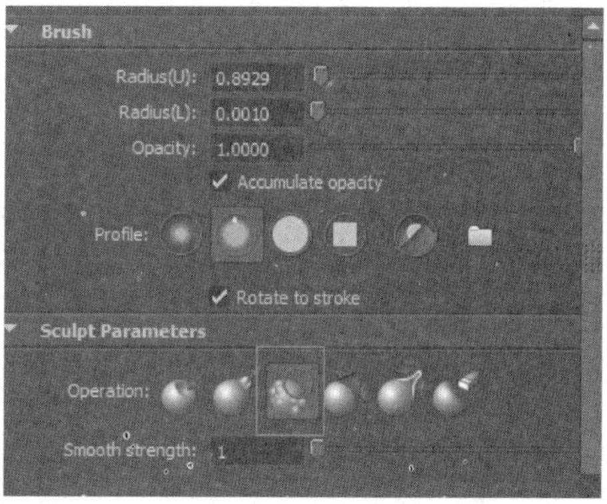

图 2-89　任务 2.2 步骤 42 图

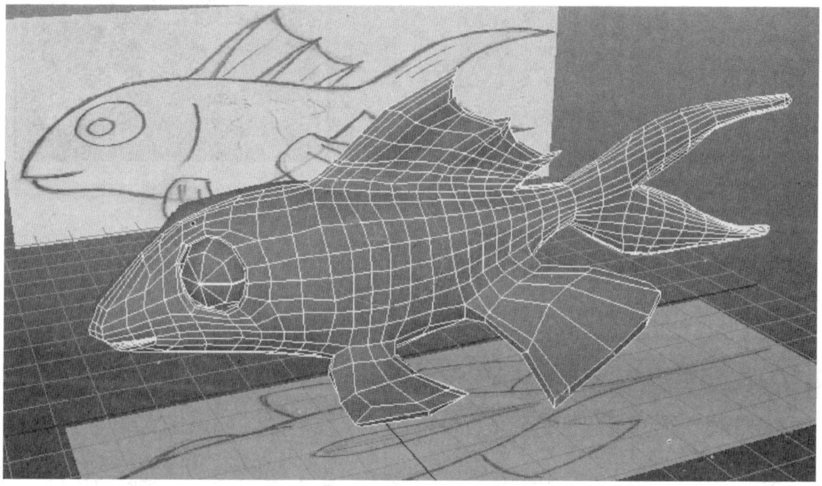

图 2-90　任务 2.2 步骤 43 图

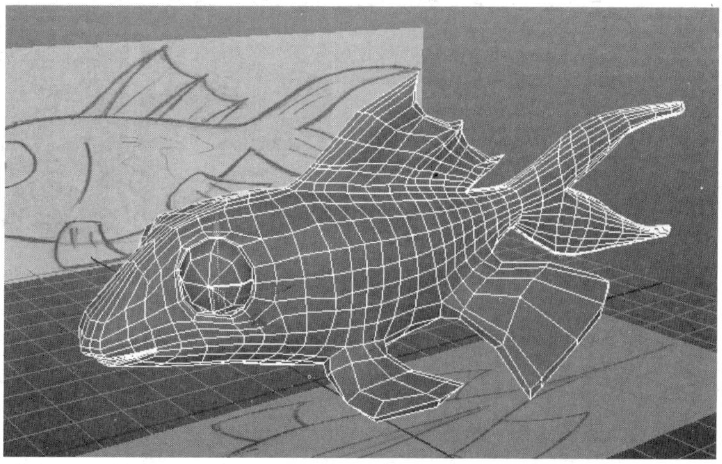

图 2-91　任务 2.2 步骤 44 图

(46) 按 Shift 键加选两块金鱼模型，执行 Mesh|Combine，将两部分建模结合为一个整体，如图 2-92 所示。

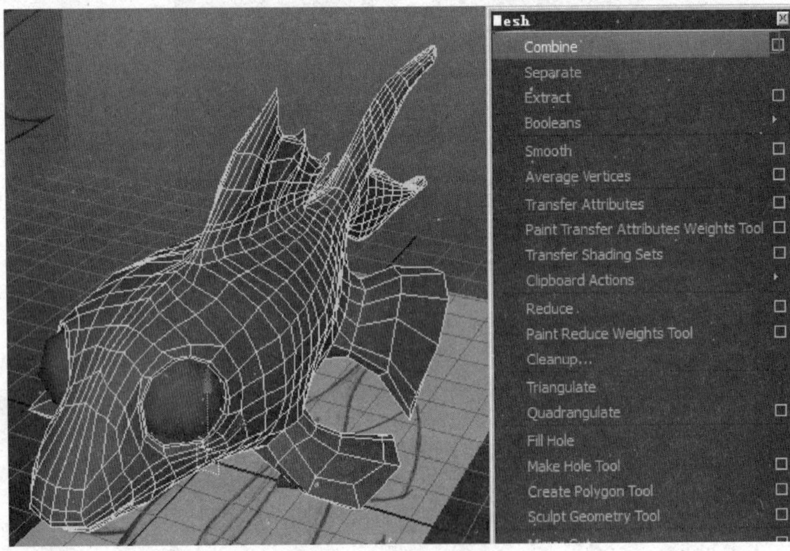

图 2-92　任务 2.2 步骤 45 图

(47) 执行 Display(显示)|Heads Up Disply|Poly Count(显示多边形具体数据)，如图 2-93 所示。

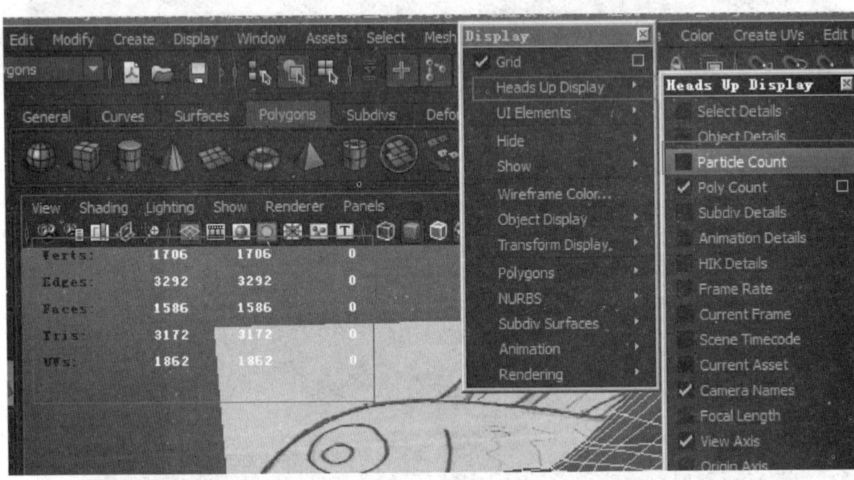

图 2-93　任务 2.2 步骤 46 图

(48) 选择模型接缝处的所有点，如图 2-94 所示。

(49) 执行 Edit Mesh|Merge，单击后面的□按钮，调整参数，单击 Apply，合并重合的点，使模型缝合简化，如图 2-95 和图 2-96 所示。

(50) 使用 Mesh|Sculpt Geometry (绘画雕刻)工具，继续调整布线和形状至图 2-97 所示。

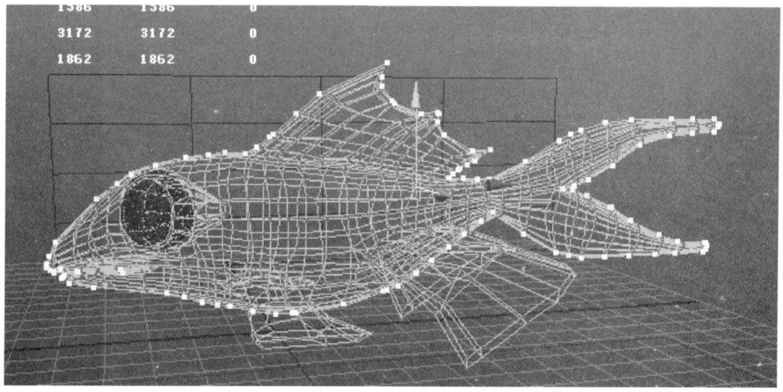

图 2-94　任务 2.2 步骤 47 图

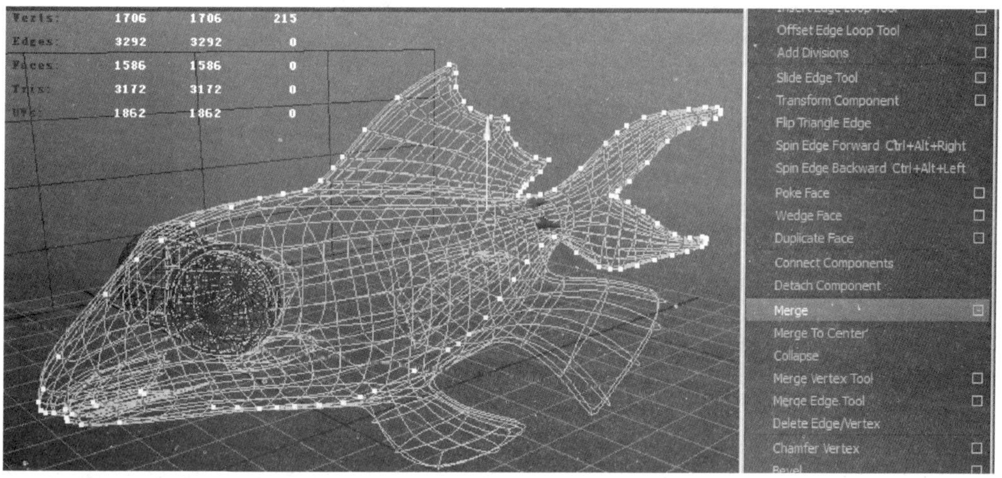

图 2-95　任务 2.2 步骤 48 图

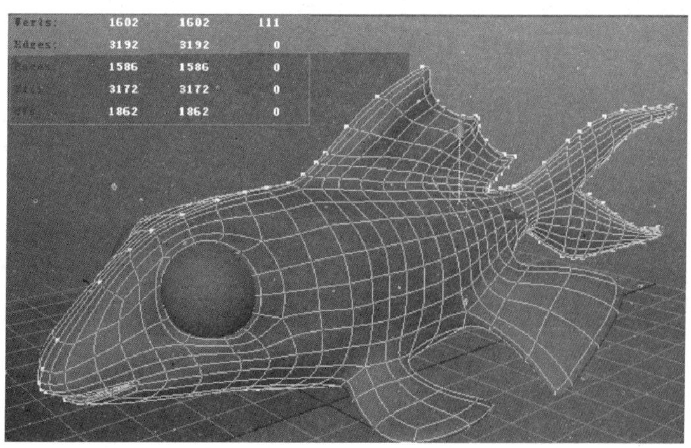

图 2-96　任务 2.2 步骤 49 图

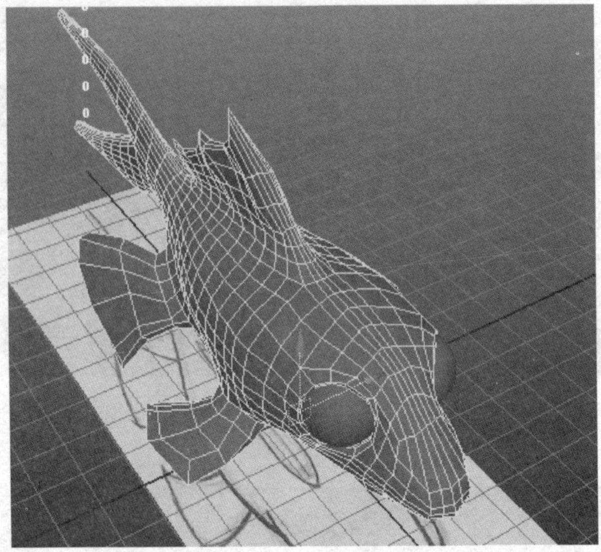

图 2-97 任务 2.2 步骤 50 图

(51) 最后调整局部细节，执行 Mesh|Smooth(平滑)，将模型细分数调为 1，完成模型平滑，如图 2-98 所示，完成金鱼建模如图 2-99 所示。

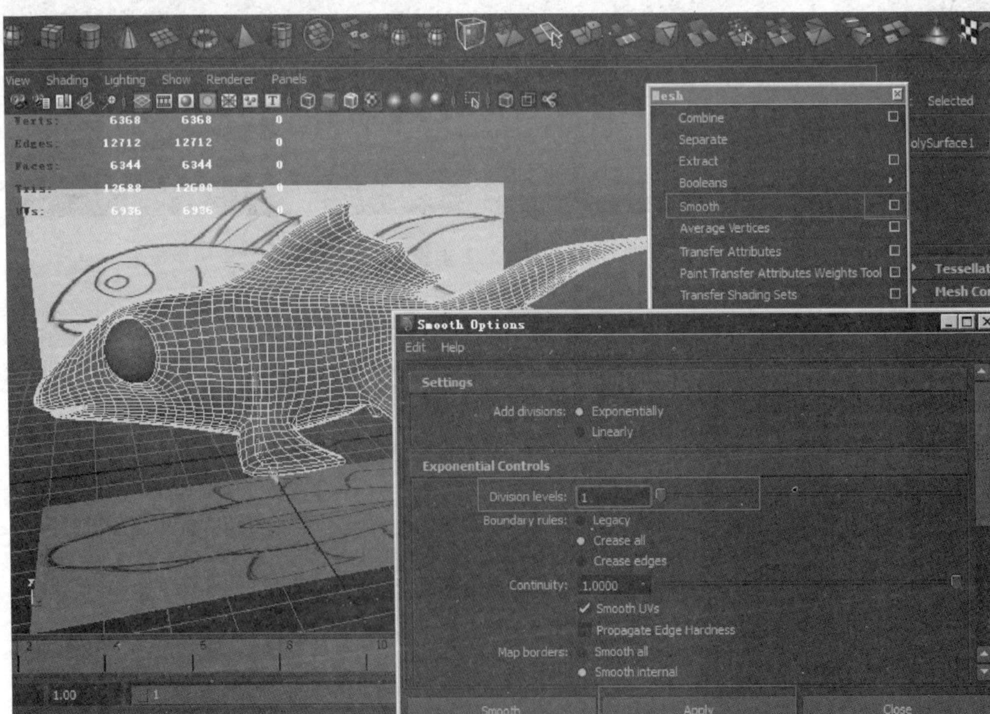

图 2-98 任务 2.2 步骤 51 图

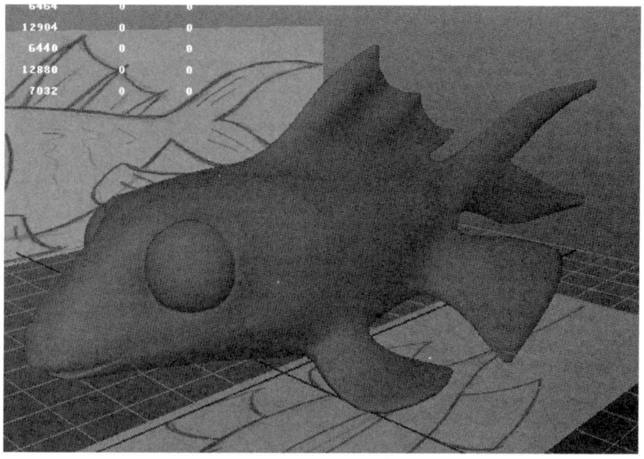

图 2-99 任务 2.2 步骤 52 图

【任务拓展】

使用以上所学知识，制作一水中生物，参考图如图 2-100 所示。

图 2-100 水中生物练习模型图

【任务评价】

任务 2.2 评价表见表 2-2。

表 2-2 任务 2.2 评价表

任务 2.2 评价细则		自 评	教师评价
1	参考图导入与调整		
2	基本形体创建		
3	头部(眼睛、嘴巴)创建		
4	鱼鳍创建		
5	模型缝合调整平滑		
任务综合评价			

模块 3

NURBS 建模

工业领域用来创造流线型的平滑表面，例如花瓶的外壁等，在 Maya 软件中采用由 NURBS 来完成曲线的制作，NURBS 是非线性有理 B 样条(Non Uniform B-Spline)的简称，是对曲线和曲面的一种数字描述。同 Maya 中的其他建模手段相比较，NURBS 更合适于创造流线型的平滑表面，主要用于工业造型表面和无缝模型的制作。同时，Maya 还提供了在 NURBS、多边形和细分曲面之间进行转化的命令，这样制作者就可以根据制作需要灵活选择模型创建手段。通过本模块的学习，可以掌握利用 NURBS 制作一些精美的模型的方法，如图 3-1 所示。在本模块中，将学到以下内容：了解 NURBS 的核心概念；能够创建、编辑曲线；能够建立 NURBS 截面图；能够利用 NURBS 进行模型制作。

图 3-1　利用 NURBS 制作的静物模型

任务 3.1　旋转酒杯

使用 Revolve(旋转)制作酒杯。

在很多 3D 电影中，三维建模师们需要设计许许多多的布景、道具等。这些三维的模型很多都可以使用 NURBS 建模来完成，如酒杯、酒瓶、汽车轮胎等，如图 3-2 所示。

图 3-2 使用 Revolve 制作酒杯模型

【任务分析】

1. 制作分析

(1) 使用 Revolve(旋转)命令完成的 NURBS 曲面需要有一个旋转中心轴。

(2) 使用 Revolve 命令完成的 NURBS 曲面需要有一个封闭或半封闭的剖切面。

2. 工具分析

(1) 使用 Create|CV Curve Tool(CV 曲线工具)命令,通过 CV 曲线在视图中绘制封闭或半封闭的剖切面。

(2) 使用 Control Vertex(控制点)元素级别,对 CV 点的位置进行调整以修改曲线形态。

(3) 使用 Surfaces(曲面)|Revolve 命令,对曲线进行旋转操作,生成 NURBS 曲面。

3. 学习目标

通过本任务的制作,要求掌握如下内容。

(1) 使用 Revolve 命令可以制作旋转成型的 NURBS 曲面。

(2) 学习 Revolve 命令制作 NURBS 曲面的方法和步骤。

(3) 通过拓展练习能够使用 Revolve 命令制作自己创意的 NURBS 曲面。

【任务实施】

(1) 新建项目。单击 File|Project Window 命令,打开项目面板窗口,在窗口中指定项目名称和位置,单击 Accept 按钮完成项目目录的创建,如图 3-3 所示。

(2) 复制参照图片。将 project 1\cup\sourceimage\cupmap.jpg 文件复制到新建项目目录下的 sourceimage 文件夹下。

(3) 将视图切换至 Front 视图,单击视图菜单栏中的 View|Camera Attribute Editor 命令,在弹出的编辑面板中单击 Environment 选项栏下的 Create 按钮,在 Image Plane1 面板中单击 Image Name 右侧的按钮,在 Open 对话框中选择 cupmap.jpg 文件,如图 3-4 所示。

(4) 设置背景图像位置。选择背景图像平面,在 Channel Object 面板中调整 Center Z 的参数值为-10,使其位于 Front 视图网格的后方,如图 3-5 所示。

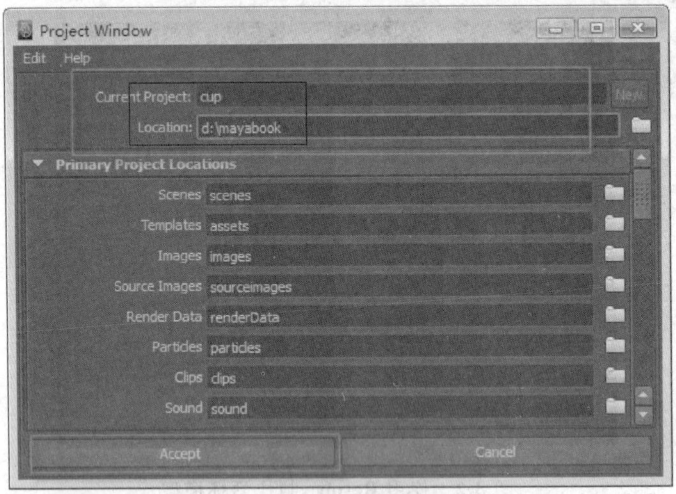

图 3-3　创建项目目录

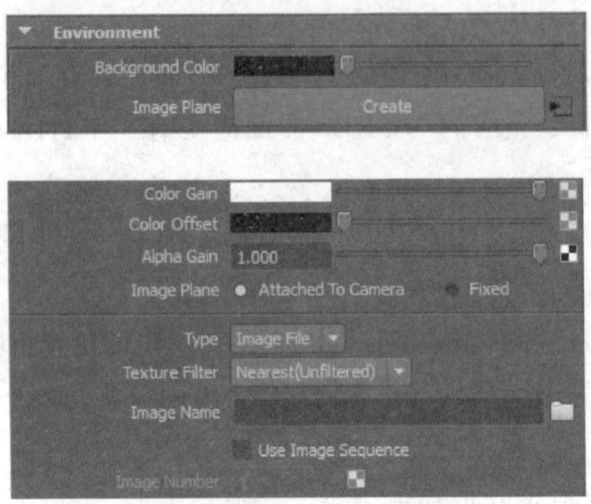

图 3-4　打开背景图像

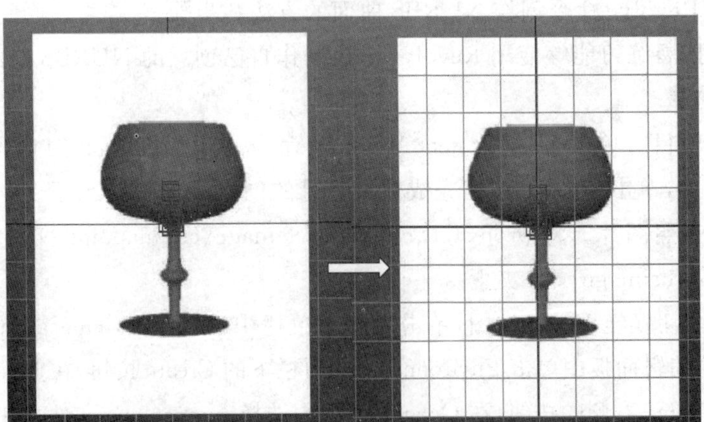

图 3-5　设置背景图像位置

（5）调整背景图像的亮度。选择背景图像平面，在属性编辑器的 Image Plane 面板中调整 Color Gain 选项，降低背景图像的亮度，如图 3-6 所示。

图 3-6 调整背景图像的亮度

（6）将视图切换到 Front 视图，单击 Create|CV Curve Tool 命令，在视图中绘制 CV 曲线。如图 3-7 所示。

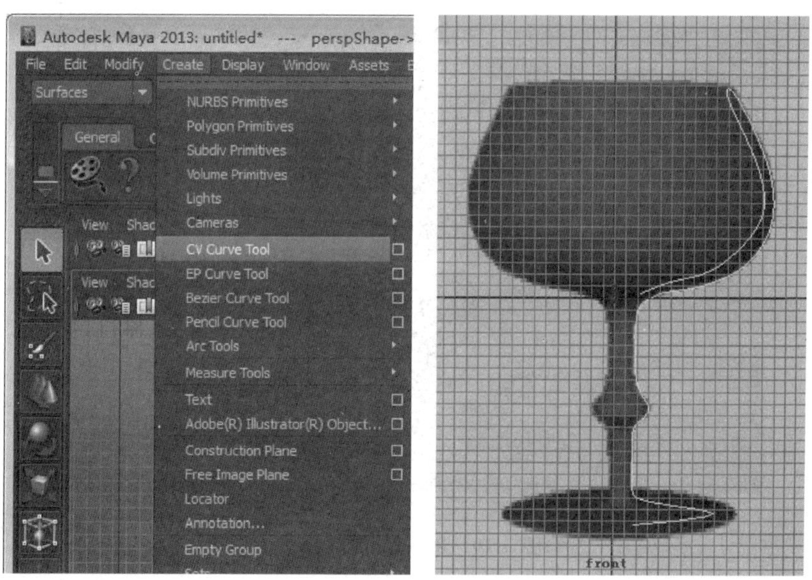

图 3-7 绘制 CV 曲线

（7）按下 F9 键，进入 Control Vertex 元素级别，对 CV 点的位置进行调整以修改曲线形态，如图 3-8 所示。

（8）在 Front 视图中选择靠近中轴的 CV 点，按下 X 键进行移动，将其捕捉到网格上，然后沿 Y 轴移动至合适的位置。如图 3-9 所示。

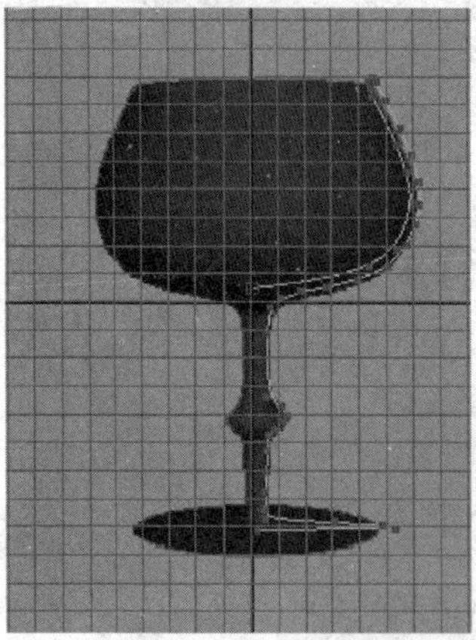

图 3-8　调整 CV 曲线

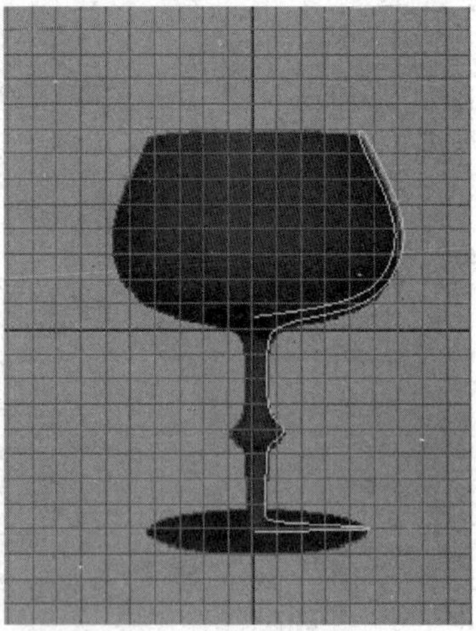

图 3-9　调整 CV 点

（9）按下 F8 键返回曲线对象级别，单击菜单栏中的 Surfaces|Revolve 命令前面的小方块，在属性窗口中设置 Axis preset 为 Y 轴，对曲线进行旋转操作生成 NURBS 曲面，如图 3-10 所示。利用 Revolve 命令生成的酒杯如图 3-11 所示。

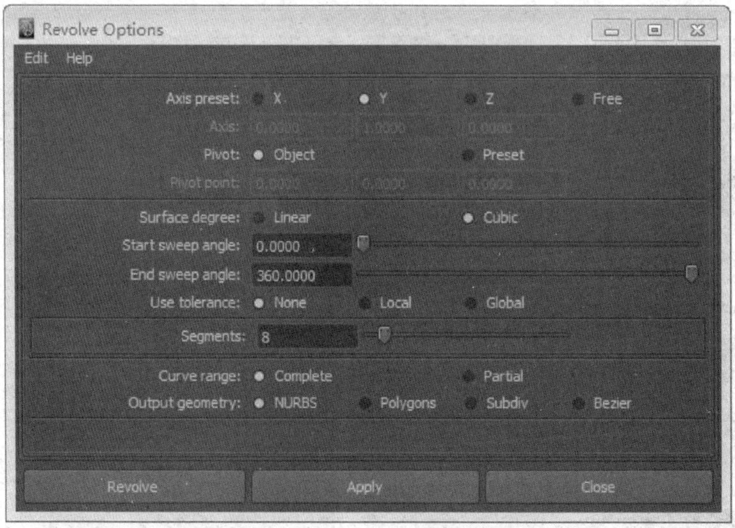

图 3-10　Revolve 属性设置

【新知解析】

1. 创建曲线

曲线是创建 NURBS 模型极为重要的工具。要创建一个曲面，通常从构造曲线入手，然后对其进行合并和操纵。因此理解曲线是最基础的，曲线的基本元素如图 3-12 所示。

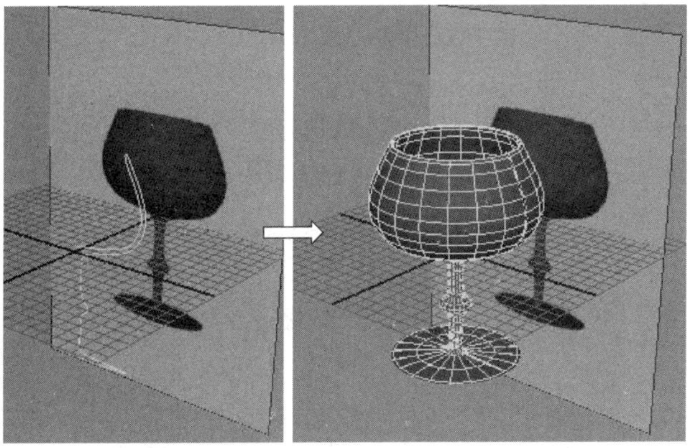

图 3-11 利用 Revolve 生成的酒杯

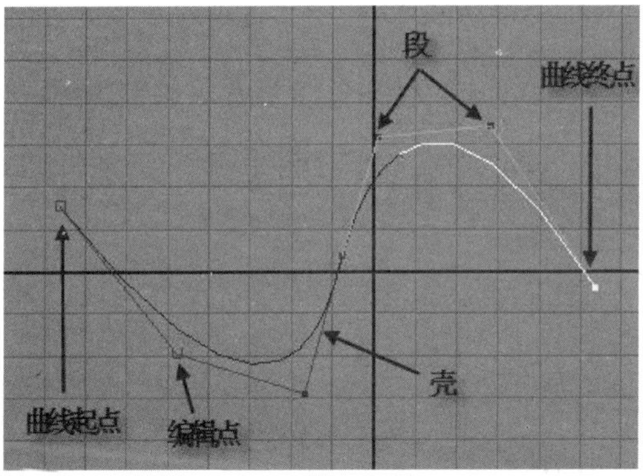

图 3-12 CV 线的元素示意图

1) CV Curve Tool(控制点曲线工具)

CV 是可控点,可以用来操纵以改变曲线的形状,这些控制点并不在曲线上。选择 Create|CV Curve Tool 选项,然后单击工作区创建曲线。创建 CV 曲线时,注意曲线的颜色,如果是白色,说明所创建的 CV 可以形成曲线了,如图 3-13 所示。

2) EP Curve Tool(编辑点曲线工具)

EP 点即曲线点,可以操纵曲线点改变曲线的形状,这些控制点就是曲线上的点。选择 Create|EP Curve Tool 选项,然后单击工作区创建 EP 曲线,如图 3-14 所示。

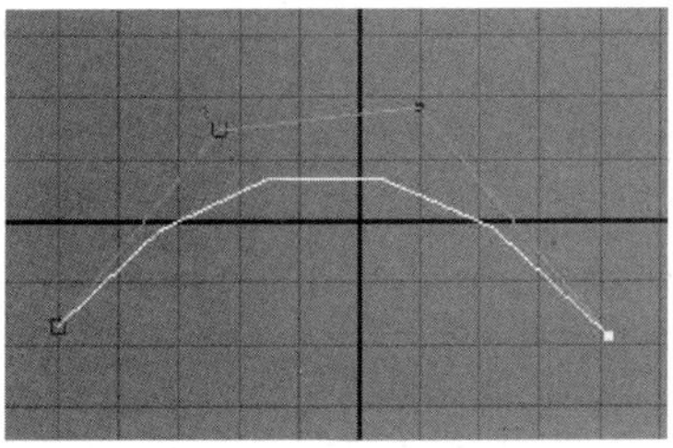

图 3-13 创建 CV 曲线

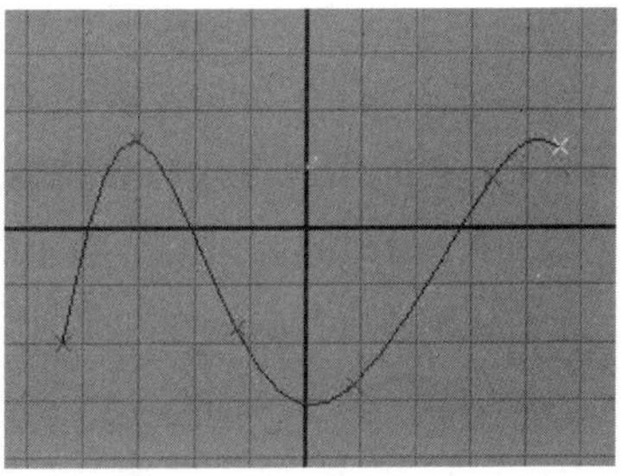

图 3-14 创建 EP 曲线

2. 编辑曲线

1) Attach Curves(合并曲线)

使用 Attach Curves(合并曲线)命令可以将选定的两条曲线合并为一条曲线,如图 3-15 所示。

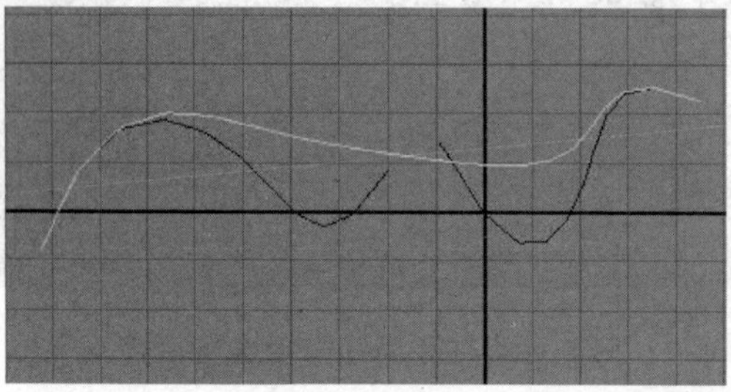

图 3-15　合并曲线

单击 Attach Curves 命令后面的方块,可以打开其属性窗口,如图 3-16 所示。

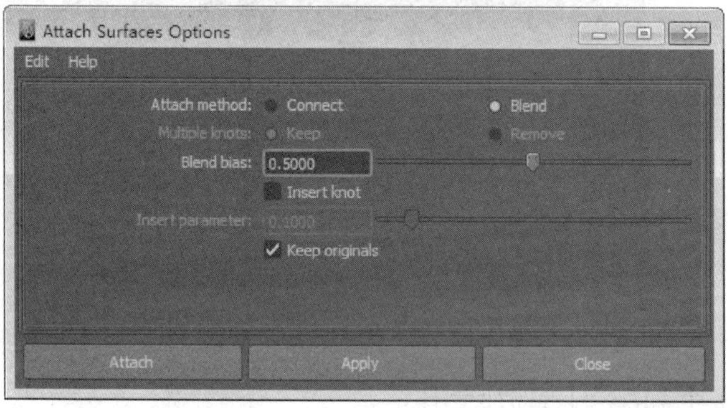

图 3-16　合并曲线属性窗口

合并曲线属性描述如下。

Attach method(连接方式):包括 Connect(连接)和 Blend(混合)两种方式。

Connect:在接点处使用最小的曲率平滑度连接曲线。

Blend:在接点处根据 Blend bias(混合偏差)的数值设定连接的平滑程度。

Multiple knots(多个节):在接点处创建多个节,这样可以在接点处使用不连续的曲率。

Blend bias(混合偏差):使用该项调节连接曲线的连续性。

Insert knot(插入节):勾选该复选框将会在连接点附近创建两个新的节。它与 Insert parameter 共同作用时才可以使混合区域与原线匹配的更加紧密。

Insert parameter(插入参数):当 Insert knot 开启时可以调整新添加节的位置。

Keep originals(保持原始):在创建新的连接曲线后,保留原始曲线。

2) Detach Curves(分离曲线)

使用 Detach Curves(分离曲线)命令可以将一条曲线分离为两条曲线或断开封闭的曲线,其操作如下。

(1) 在已有的曲线上右击,在弹出的快捷菜单中选择 Curve Point(曲线点)命令,将曲线设置为曲线点模式,然后选择曲线上的任意一点,如图 3-17 所示。

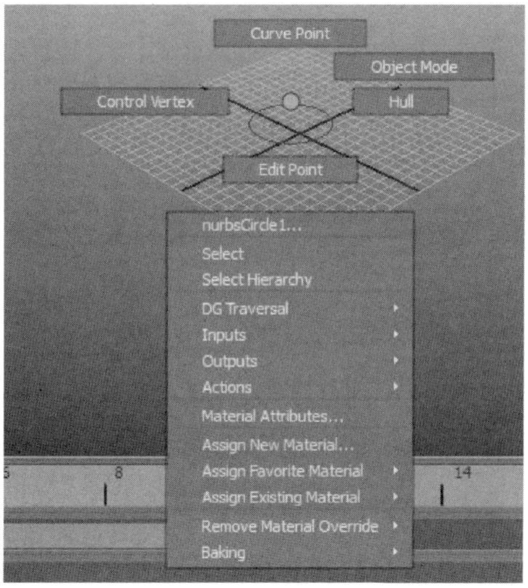

图 3-17 设置曲线模式

(2) 选择 Edit Curves|Detach Curves 命令分离曲线。

3) Align Curves(对齐曲线)

使用 Align Curves(对齐曲线)命令可以将两条曲线的起点或结束点对齐,如图 3-18(对齐前)、图 3-19(对齐后)所示。

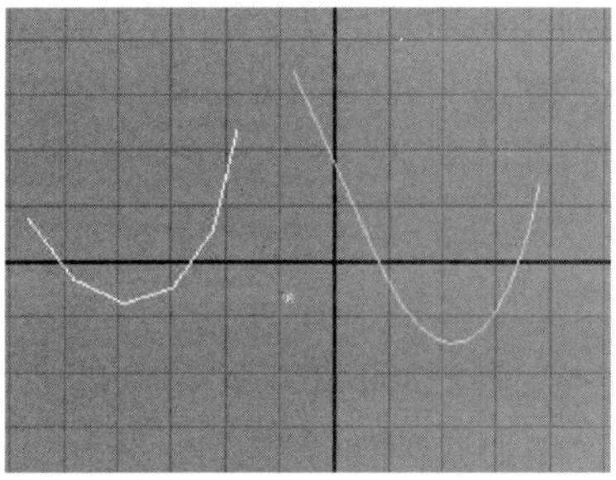

图 3-18 对齐曲线(对齐前)

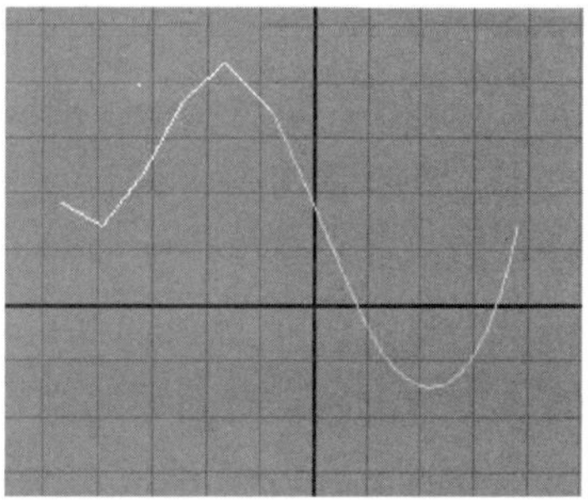

图 3-19 对齐曲线(对齐后)

单击 Align Curves 命令后的方块,打开其属性窗口,如图 3-20 所示。属性描述如下。

Attach(连接):勾选此复选框可将两条曲线连接为一条曲线。

Multiple knots(多个节):与 Attach 配合起作用。

- Keep(保持):在连接区域创建多个节。
- Remove(删除):在不改变连接区域形状的前提下删除尽可能多的节点。

Continuity(连续性):控制曲线的连续性。

- Position(位置):保证两个点的严密结合。

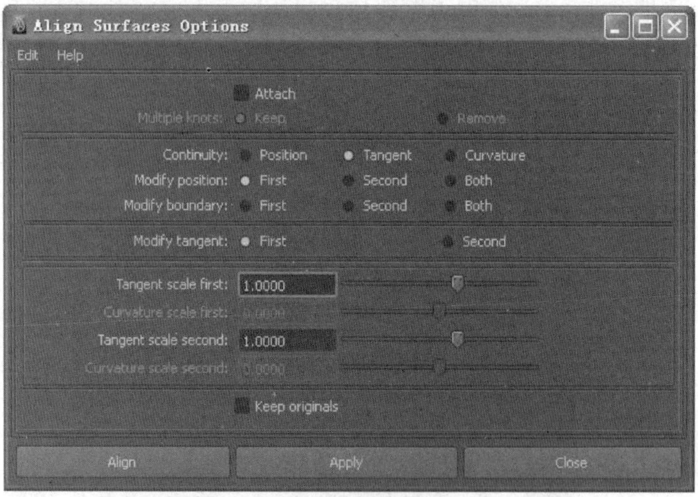

图 3-20　Align Curves 属性窗口

- Tangent(切线)：可以保证两个点的切线相互配合。
- Curvature(曲率)：保证结合点有相同的曲率。

Modify position(修改位置)：该项用于修改对齐后曲线的位置。

- First(第一)：将第一条曲线全部移动到第二条曲线上。
- Second(第二)：将第二条曲线全部移动到第一条曲线上。
- Both(都)：将两条曲线各移动一半的距离。

Modify boundary(修改边界)：该项用于修改对齐后曲线边界的位置。

- First(第一)：将第一条曲线上选中的点移动到第二条曲线上。
- Second(第二)：将第二条曲线上选中的点移动到第一条曲线上。
- Both(都)：将两条曲线上的点各移动一半的距离。

Modify tangent(修改切线)：该项用于修改第一条或第二条曲线的切线。

Tangent scale first(缩放切线)：用于缩放第一条曲线的切线值。

Curvature scale first(缩放曲率)：用于缩放第一条曲线的曲率。

Tangent scale second(缩放切线)：用于缩放第二条曲线的切线值。

Curvature scale second(缩放曲率)：用于缩放第二条曲线的曲率。

Keep originals(保留原始)：用于保留原始曲线。

4) Add Point Tool(添加点工具)

该命令用于为已创建完成的曲线添加点，以达到精确控制曲线的目的。其操作方法如下。

(1) 创建一条曲线并选择，如图 3-21 所示。

(2) 选择 Edit Curves|Add Points Tool 命令，然后在工作区中单击任意位置添加新的点，如图 3-22 所示。

(3) 按下鼠标中键可以转换为移动工具，对点进行移动，如图 3-23 所示。

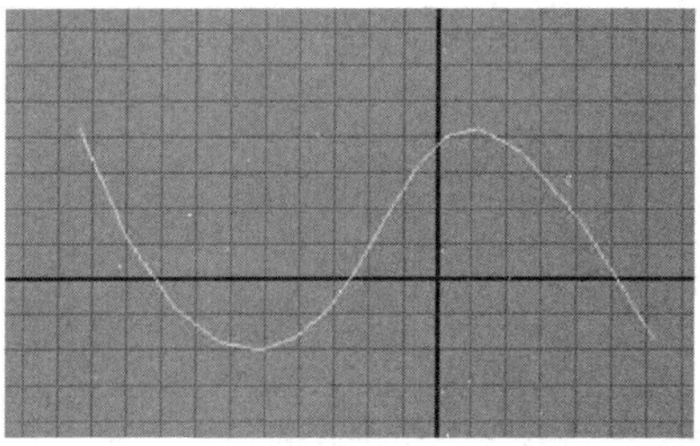

图 3-21　创建曲线

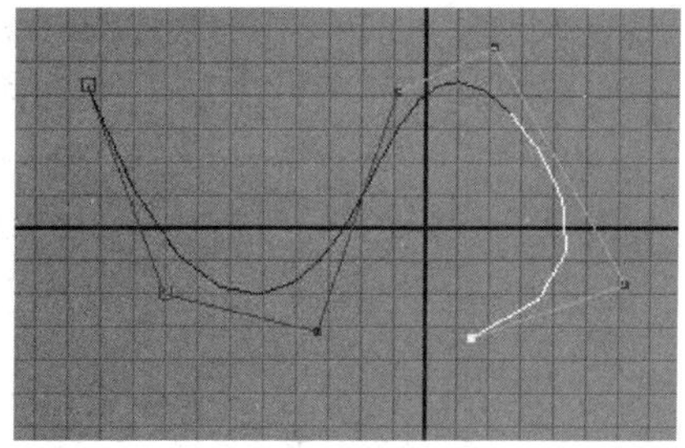

图 3-22　添加新点

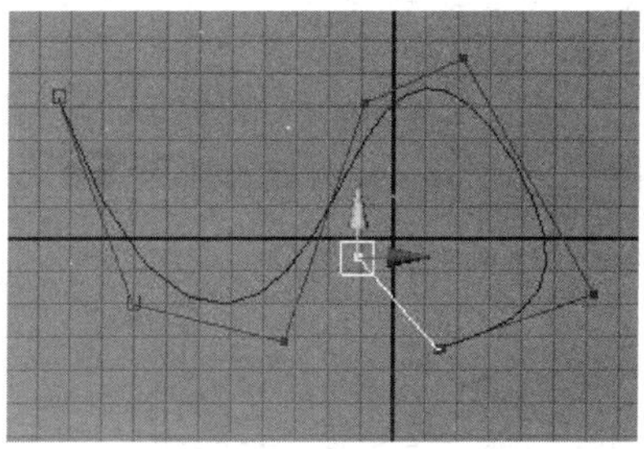

图 3-23　移动点

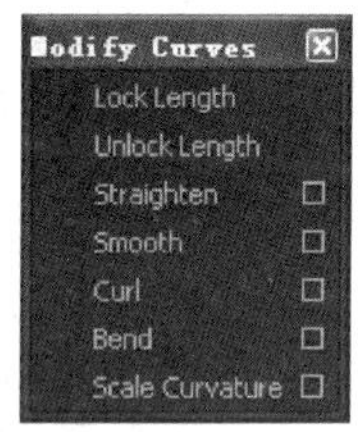

图 3-24　修改曲线菜单

5）Modify Curves（修改曲线）

Modify Curves 用于对曲线的形态进行修改。它包含多个子菜单，如图 3-24 所示。

Lock Length（长度锁定）：锁定曲线的长度。

Unlock length（解除锁定）：解锁曲线的长度。

Straighten（伸直）：伸直弯曲的曲线。

Smooth（平滑）：对曲线进行平滑处理。

Curl（卷曲）：可卷曲曲线。

Bend（弯曲）：创建弯曲的曲线。

Scale Curvature（缩放曲率）：缩放曲线的曲率。

3．Revolve（旋转）

Revolve 命令可以将一个轮廓线绕一个轴旋转而生成一个曲面。单击 Revolve 命令项后面的方块，打开旋转属性窗口，如图 3-25 所示。

Axis preset（轴预置）：设置旋转的轴，默认为 Y 轴，如图 3-26 所示。

Axis（轴）：输入数值来控制旋转的预置轴。

Pivot（枢轴）：控制旋转中心的枢轴位置。

- Object（对象）：旋转操作将使用默认的枢轴位置。
- Preset（预设）：通过输入 X、Y、Z 的数值来控制位置。

Pivot point（枢轴位置）：在此输入预设值来确定枢轴位置。Pivot 设置为 Preset 模式时才有效。

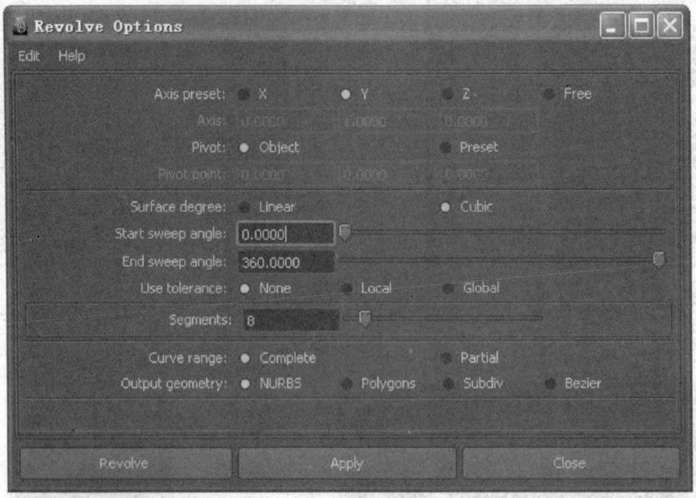

图 3-25　旋转属性窗口

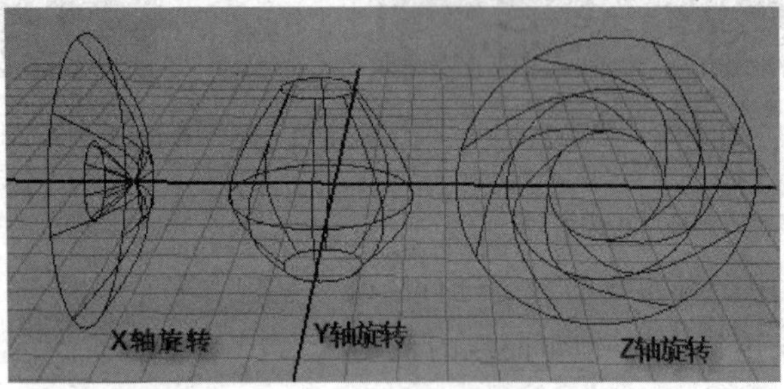

图 3-26　曲线按不同轴旋转效果

Curve range(曲线范围)：控制曲线被旋转的范围。

- Complete(全部)：选择此项将按照完整的曲线生成全面的曲面。
- Partial(局部)：选择此项将生成一个子曲线，缩短子曲线的长度将会缩短旋转曲面的长度。

Output geometry(输出几何形态)：选择该项将生成几何体的形态，可以选择生成NURBS、多边形、细分和贝塞尔 4 种曲面类型。

【任务拓展】

利用 Revolve 创建一个汽车轮胎，如图 3-27 所示。

【操作步骤】

(1) 打开 Maya，在 Front 视图中创建轮胎的剖面图，如图 3-28 所示。

(2) 选择 Move tool(移动工具)，选择曲线并按下 Insert 键，进入轴心点调整模式，使用移动工具将中心点移动到曲线下端，如图 3-29 所示，再次按下 Insert 键返回对象模式。

(3) 单击菜单栏中的 Surfaces|Revolve 命令后面的小方块，选择旋转轴为 X 轴，如图 3-26 所示，对曲线进行旋转操作生成 NURBS 曲面，如图 3-30 所示。

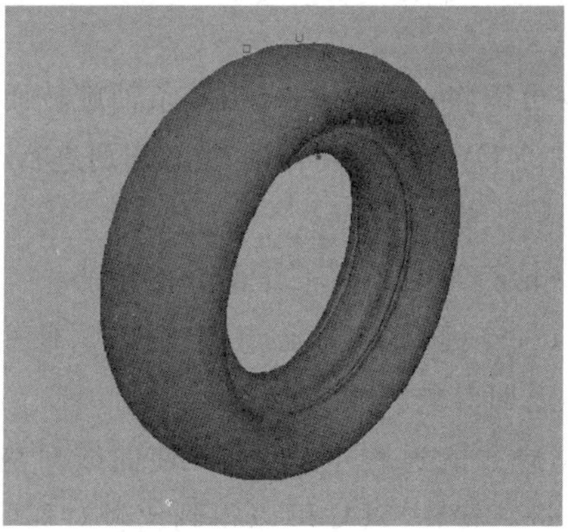

图 3-27 汽车轮胎

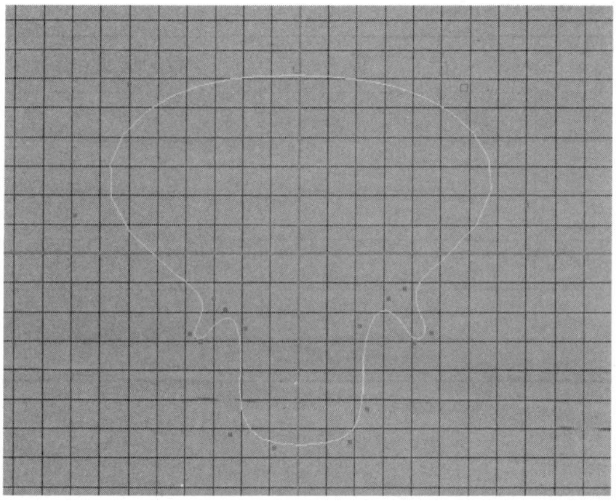

图 3-28 轮胎剖面图

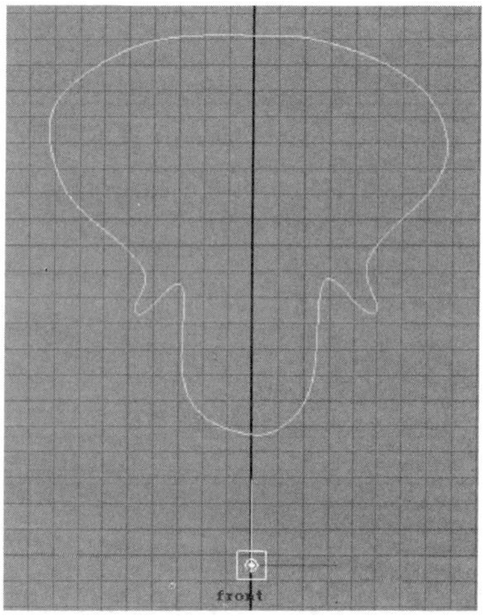

图 3-29 移动曲面轴心点

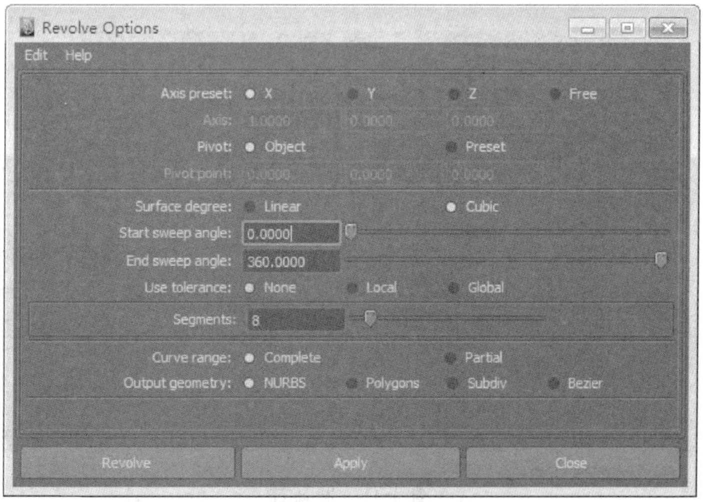

图 3-30 设置旋转属性

【任务总结】

(1) 使用 Revolve 命令可以将一条轮廓线绕一条轴旋转而创建一个曲面。

(2) 存在两个靠近中轴的 CV 点，在制作时应该分别进行网格捕捉，使其处于同一条垂直轴上。

(3) 轴心点应该是整个轮胎的中心而不是剖面的中心。

(4) 选择曲线并按下 Insert 键，进入轴心点调整模式，使用移动工具对轴心点的位置进行调整，并按下 Insert 键返回对象模式。

(5) 在对曲线形状进行修改的过程中，如果要使曲线对称位置的 CV 点向中心靠拢或远离，可以使用缩放工具进行操作，这样可以得到比较对称的形状。

【任务评价】

任务 3.1 的评价表如表 3-1 所示。

表 3-1　任务 3.1 评价表

任务 3.1 评价细则		自　评	教师评价
1	曲线工具的使用		
2	曲线的编辑		
3	曲线的旋转		
4	轴心点的移动		
5	旋转的属性设置		
任务综合评价			

任务 3.2　放样——罗马柱

使用 Loft(放样)命令制作罗马柱，如图 3-31 所示。

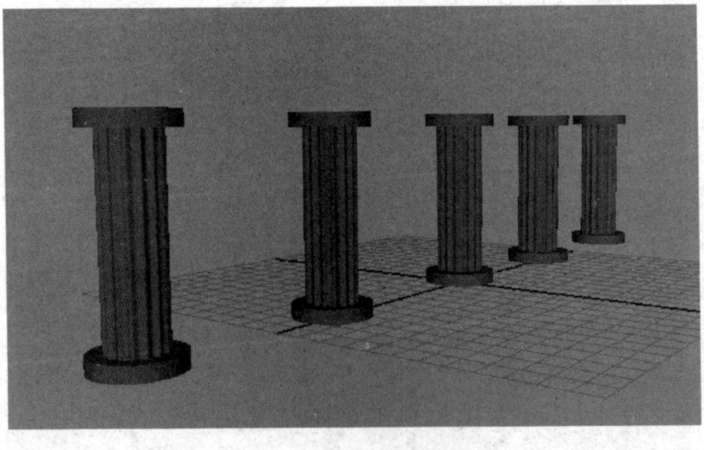

图 3-31　罗马柱

【任务分析】

1. 制作分析

(1) 使用 Loft(放样)命令完成的 NURBS 曲面需要有多个截面轮廓线。

(2) 使用 Loft 命令构建曲面时,参与放样的曲线最好具有相同的段数,这样才能得到比较平滑的曲面形状。

2. 工具分析

(1) 使用 Create|CV Curve Tool (CV 曲线工具)命令在视图中绘制 CV 曲线来完成封闭的横截面的创建。

(2) 使用 Edit Curves(编辑曲线)|Rebuild Curve(重建曲线)命令调整段数值,对曲线进行重建。

(3) 使用 Surfaces|Loft 命令,对曲线进行 Linear(线性)方式放样操作。

3. 学习目标

通过本任务的制作,要求掌握如下内容。

(1) 使用 Loft 命令可以制作放样成形的 NURBS 曲面。

(2) 学习 Loft 制作放样成形的 NURBS 曲面的步骤。

(3) 能够运用 Planar(平面)命令进行平面成型操作。

(4) 通过拓展练习能够使用 Loft 命令制作自己创意的 NURBS 曲面。

【任务实施】

(1) 新建项目。单击 File|Project|Window 命令,打开项目面板属性窗口,在窗口中指定项目名称和位置,单击 Accept 按钮完成项目目录的创建,如图 3-32 所示。

(2) 将视图切换到 Top 视图,单击 Surface 标签下的按钮 ,在视图中绘制 NURBS 圆形曲线。单击 Display(显示)|NURBS|CVs(控制点)命令显示曲线的 CV 点,如图 3-33 所示。

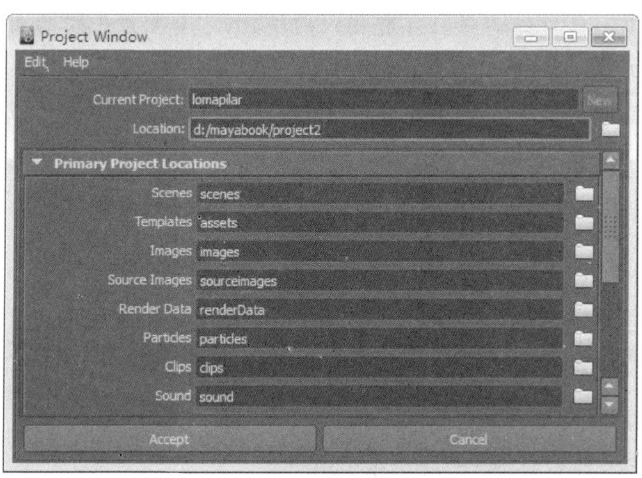

图 3-32 创建项目目录

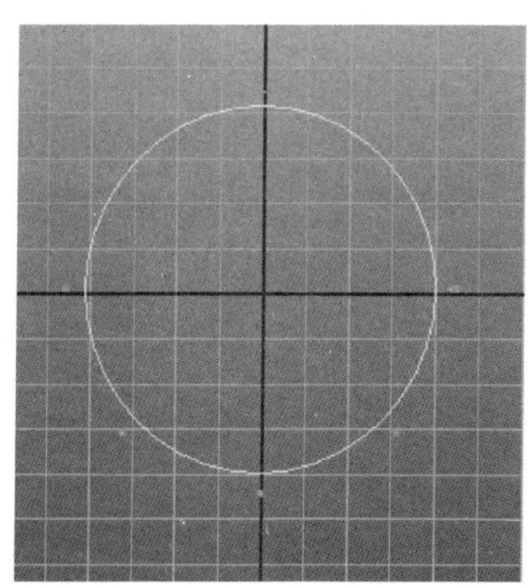

图 3-33 绘制曲线

(3) 保持圆形在选择状态下,单击菜单 Edit Curves|Rebuild Curve(重建曲线)命令右侧的按钮 ,打开 Rebuild Curve Option(重建曲线窗口),在 Rebuild Type(重建类型)选项中选择 Uniform(统一)方式,并调整 Number of spans(曲线段数)为 30,单击 Rebuild

按钮对曲线进行重建，如图 3-34 所示。

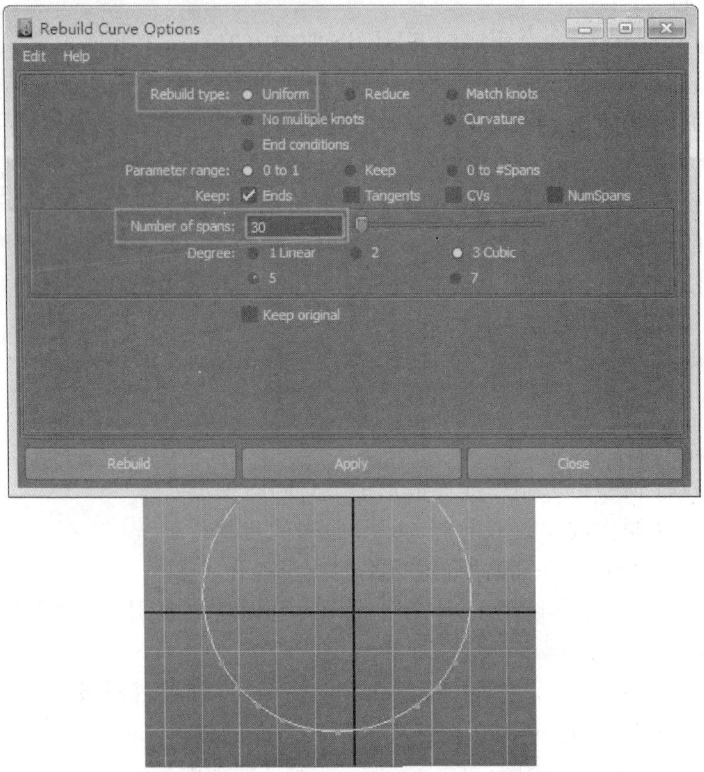

图 3-34　重建曲线

说明：使用 Loft 生成曲面时，参与放样的曲线应具有相同的段数，才会生成平滑的曲面；如果不相同，则可能无法生成曲面。

（4）选择曲线并按下 Ctrl＋D 键，对曲线进行复制，使用移动工具和缩放工具进行调整，如图 3-35 所示。

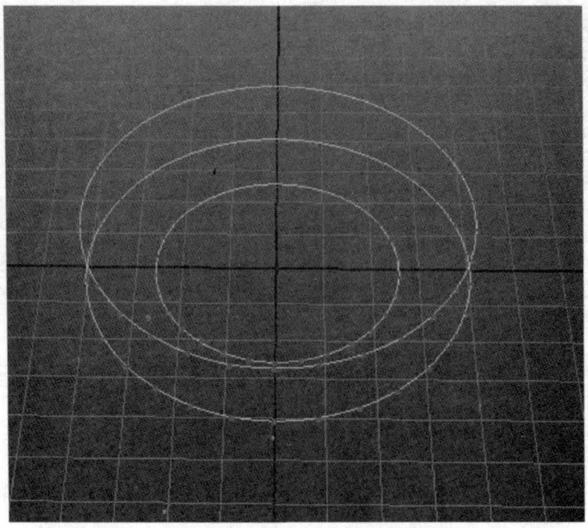

图 3-35　复制调整曲线

(5) 选择直径小的圆形，按下 F9 键进入曲线点级别，按下 Shift 键对 CV 点进行隔点选择并缩放，使所选点向中心靠拢，如图 3-36 所示。

(6) 选择 Front 视图，选择所有的曲线按 F8 键进入到对象级别并复制，对复制出的曲线进行移动调整，如图 3-37 所示。

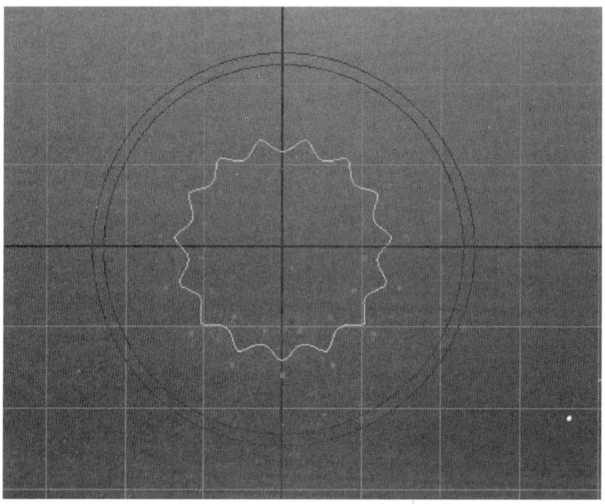

图 3-36　调整 CV 点

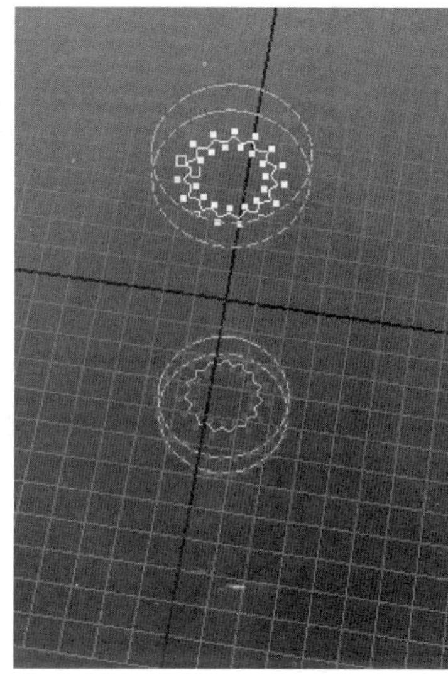

图 3-37　复制曲线

(7) 按下 Shift 键并按顺序依次选择曲线，单击菜单栏中的 Surfaces|Loft 命令右侧的按钮，在 Loft Options（放样选项）窗口中的 Surface degree（曲面方式）选项下选择 Linear 方式，如图 3-38 所示。单击 Loft 按钮进行放样操作，产生罗马柱体模型如图 3-39 所示。

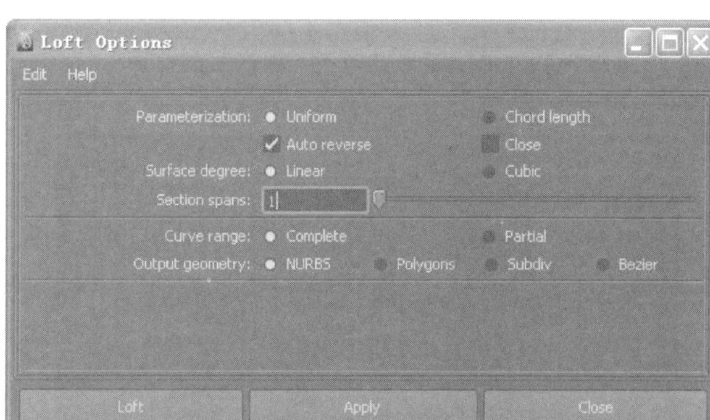

图 3-38　放样选项窗口

说明：使用 Loft 命令生成曲面时，参与放样的曲线的起点位置应当保持相同的方向，否则可能会产生扭曲的曲面，如图 3-40 所示。

(8) 在对象上右击，在弹出的标记菜单中选择 Isoparm（结构线）元素级别，选择柱体

顶端的结构线，单击 Surfaces|Planar 命令进行平面成型操作，生成顶端平面，如图 3-41 所示。

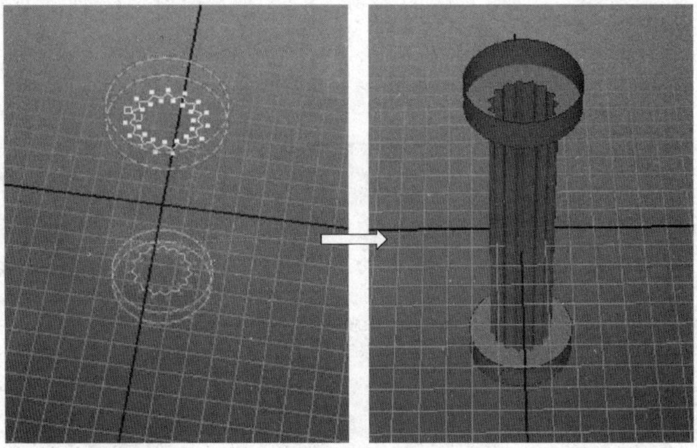

图 3-39　生成罗马柱主体

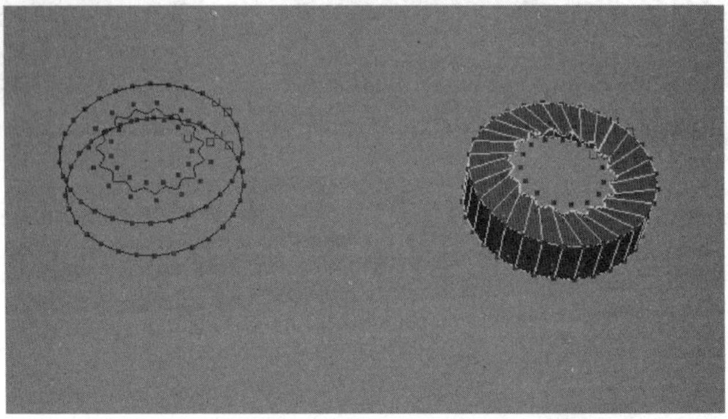

图 3-40　曲线起点方向不一致产生的曲面

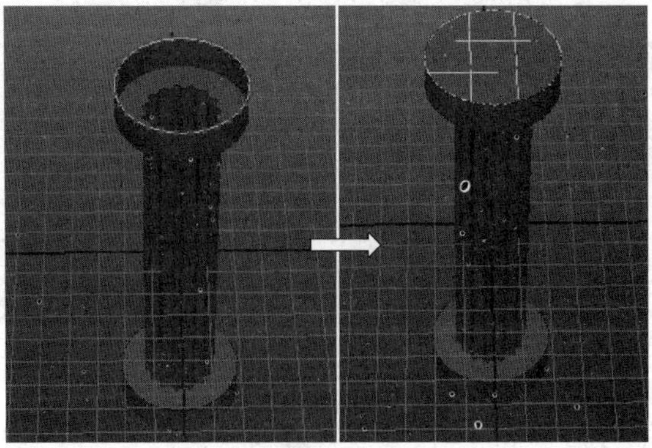

图 3-41　平面成型

(9) 选择底部的结构线，再次运行 Planar，生成底部的平面。

(10) 选择生成的罗马柱体，按 Ctrl+D 键进行复制并进行相应的位置调整，形成罗马柱阵列，如图 3-42 所示。

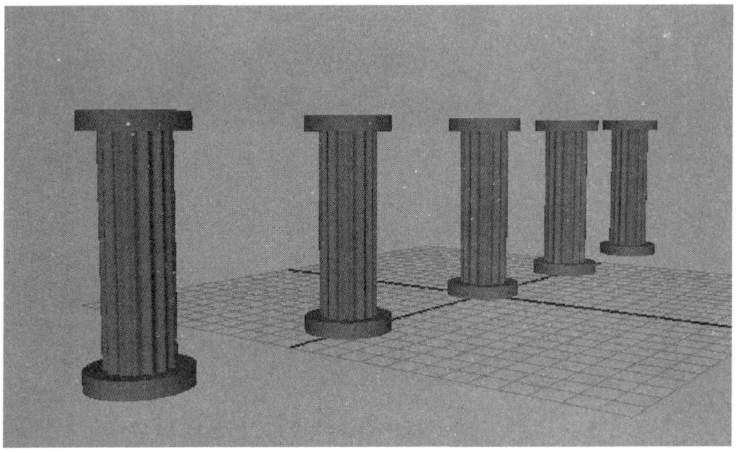

图 3-42　生成罗马柱阵列

【新知解析】

1. 曲线放样

Soft(曲线放样)命令可以根据所绘制的多条曲线按照所选择的顺序两两依次生成多个曲面。单击 Soft 命令项后面的按钮 ❐，打开放样选项窗口，如图 3-43 所示。

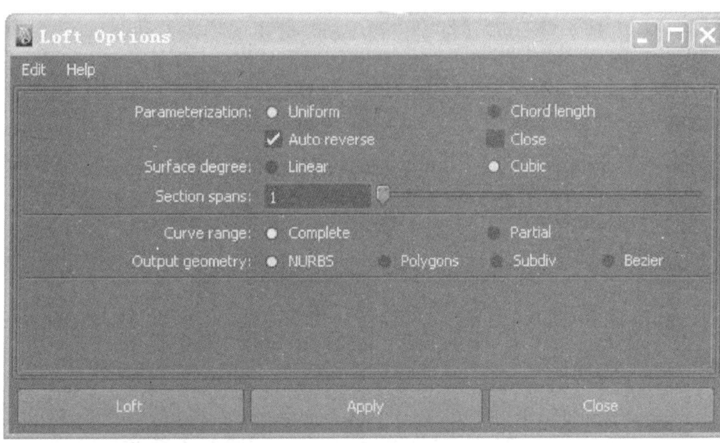

图 3-43　放样选项窗口

Parameterization(参数化)：设置放样曲面的参数。

- Uniform(统一)：可以保证轮廓曲线与 V 方向平行。
- Chord length(弦长)：生成的曲线在 U 方向上的参数值将根据轮廓线起点间的距离而定。

- Auto reverse(自动反向)：如果关闭此项，曲线保持原有的状态，可能会导致生成错误的曲面。
- Close(闭合)：该项决定生成的曲面在 U 方向和 V 方向上是否是闭合的，如图 3-44 所示。

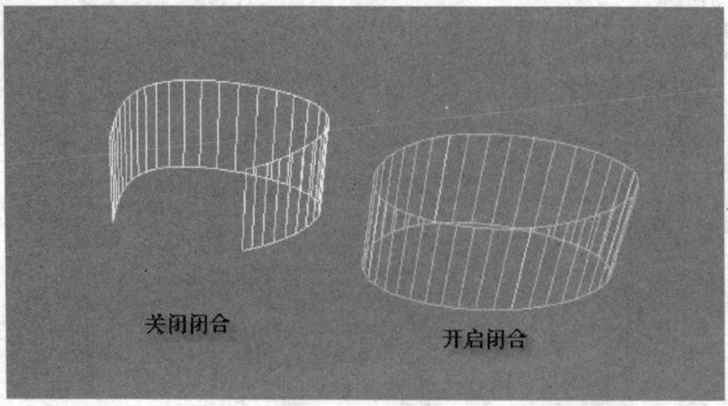

图 3-44 闭合的应用

Surface degree(曲面样式)：设置生成曲面是线性(Linear)样式还是三次方(Cubic)样式。

Section spans(跨度)：设置两条曲线生成的放样曲线之间的段数。

Curve range(曲线范围)：可以设置为 Complete(全部)和 Partial(部分)，如果设置为部分，可以使用数值来修改用以生成曲面的曲线范围。

Output geometry(输出几何图形)：设置所生成的曲面的几何体形态，可以是 NURBS、Polygons(多边形)、Subdiv(细分)和 Bezier(贝塞尔)4 种类型。

2. Planar(平面)

该命令可以由一条或多条曲线生成一个修剪的平面。用于该操作的曲面必须是一条封闭曲线且处于同一个平面。单击 Planar 命令项后面的按钮 ❐，打开平面选项窗口，如图 3-45 所示。

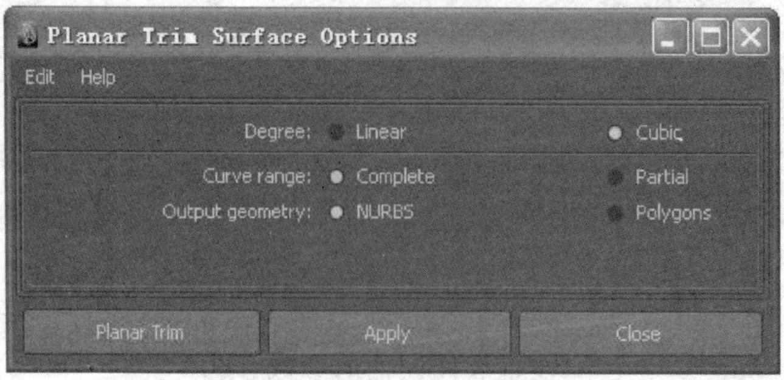

图 3-45 平面选项窗口

Degree(方式)：设置生成曲面是线性(Linear)样式还是三次方(Cubic)样式。

Curve range(曲线范围)：有下面两种选择。

- Complete(全部)：选择此项将按照完整的曲线生成全面的曲面。
- Partial(局部)：选择此项将生成一个子曲线，缩短子曲线的长度将会缩短旋转曲面的长度。

Output geometry(输出几何形态)：选择该项将生成几何体的形态，可以选择生成 NURBS、多边形 2 种曲面类型。

【任务拓展】

利用 Soft 命令创建一个牙膏模型，如图 3-46 所示。

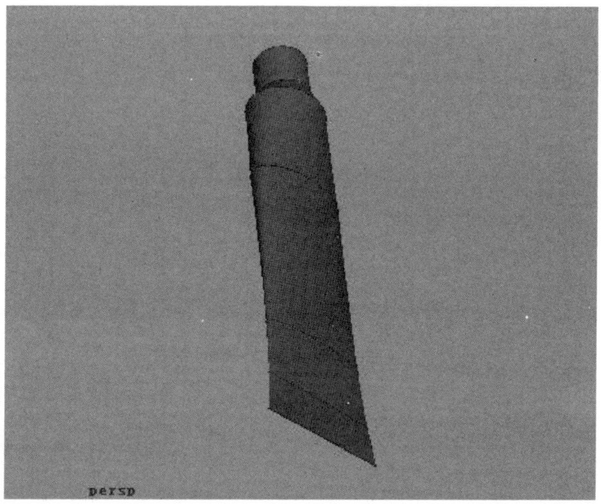

图 3-46　牙膏模型

【操作步骤】

(1) 打开 Maya，在 Top 视图中创建牙膏的剖面图，调整剖面图，使之与牙膏的各部分相对应，调整时注意各视图的对照，如图 3-47 所示。

(2) 按住 Shift 键从上而下依次选择各剖面图，单击菜单栏中的 Surfaces|Loft 命令右侧的按钮 ❐，在 Loft Option 窗口中的 Surface degree 选项下选择 Cubic(三次方曲线)方式，如图 3-48 所示。单击 Loft 按钮进行放样操作，产生牙膏模型。

(3) 在对象上右击，在弹出的标记菜单中选择 Isoparm(结构线)元素级别，选择牙膏顶端的结构线，单击 Surfaces|Planar 命令进行平面成型操作，生成顶端平面，如图 3-49 所示。

【任务总结】

(1) 使用 Loft 命令可以构建经过多个轮廓线的曲面，使用 Loft 命令完成的 NURBS 曲面需要有多个截面轮廓线。

(2) 参与放样的曲线具有相同的段数才不致使形状扭曲。

(3) 选择曲线时要按照次序选择。

(4) Planar 命令可以由一条或多条曲线生成一个修剪的平面，用于该操作的曲面必须是一条封闭曲线且处于同一个平面。

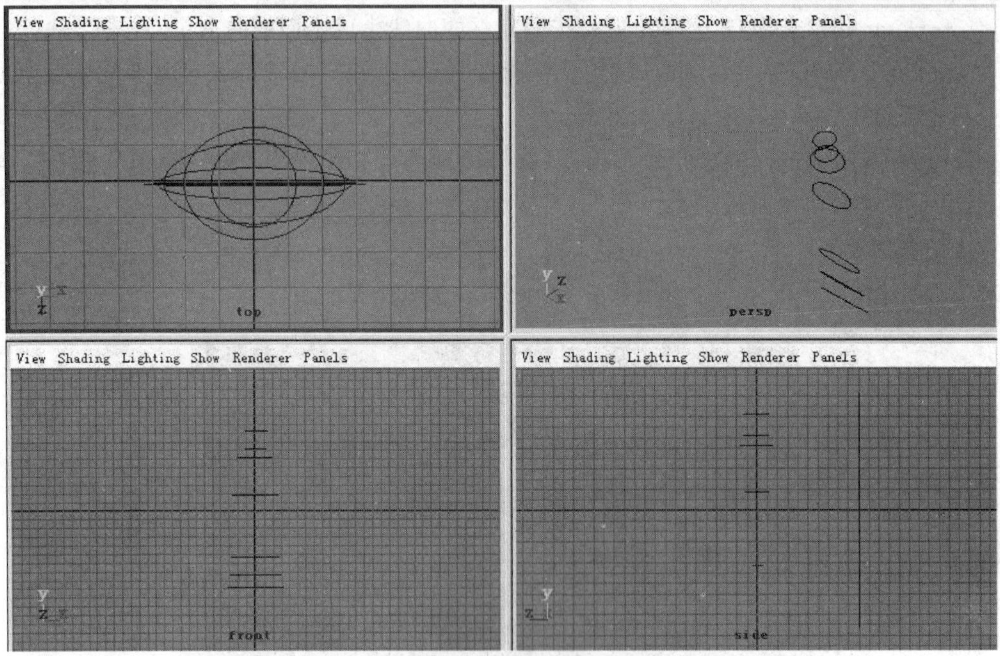

图 3-47 创建并调整牙膏的剖面图

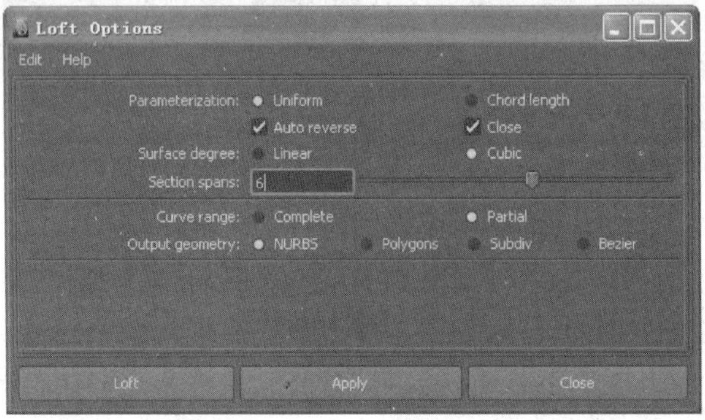

图 3-48 放样选项窗口

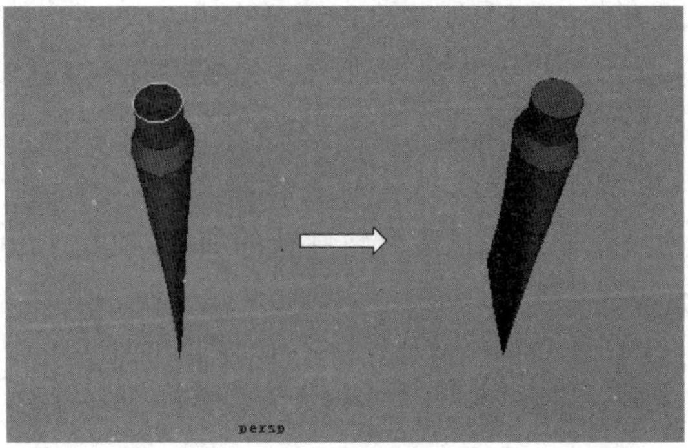

图 3-49 平面成型

【任务评价】

任务 3.2 的评价表如表 3-2 所示。

表 3-2　任务 3.2 评价表

任务 3.2 评价细则		自　评	教师评价
1	曲线工具的使用		
2	单面图的制作		
3	Loft 命令选项的理解		
4	Planar 命令选项的理解		
5	任务的制作步骤		
任务综合评价			

任务 3.3　挤出——茶壶

使用 Extrude(挤出)命令制作茶壶,如图 3-50 所示。

图 3-50　茶壶模型

【任务分析】

1. 制作分析

(1) 使用 Revolve 命令完成壶体与壶盖的制作。

(2) 使用 Extrude 命令挤出壶的把手和壶嘴。

(3) 使用 Extrude 命令可以将一个曲线图形沿一条曲线路径产生模型。

(4) 使用 Circular fillet(圆形全角)命令使壶的把手和壶嘴与壶身的接触处产生圆形倒角曲面。

(5) 使用 Project Curve on Surface(投射曲线到曲面)进行生成水壶的制作。

2. 工具分析

(1) 使用 Create|CV Curve Tool 命令在视图中绘制 CV 曲线完成封闭横截面的创建。

(2) 使用 Surfaces|Revolve 命令对曲线进行旋转,产生模型。

(3) 使用 Surfaces|Extrude 命令进行壶把与壶嘴的制作,制作时 Scale(缩放)选项的设置会使模型产生逐渐缩小的效果。

3. 学习目标

通过本任务的制作,要求掌握如下内容。

(1) 使用 Revolve 命令可以制作放样成形的 NURBS 曲面。

(2) 学习 Extrude 制作挤出成形的 NURBS 曲面的步骤。

(3) 能够运用 Project Curve on Surface(投射曲线到曲面)命令曲线的曲面投射。

(4) 能够运用 Trim tool(修剪工具)对曲面进行修剪。

【任务实施】

(1) 新建项目。单击 File|Project|Window 命令,打开项目面板窗口,在窗口中指定项目名称和位置,单击 Accept 按钮完成项目目录的创建,如图 3-51 所示。

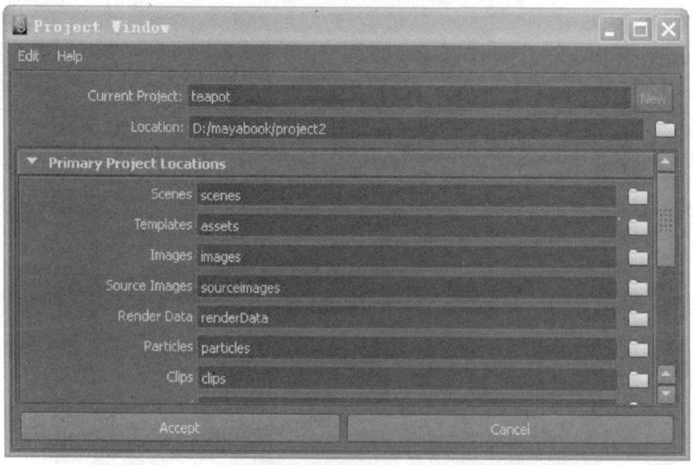

图 3-51 创建项目目录

(2) 将视图切换到 Front 视图,单击 Create|CV Curve Tool(CV 曲线工具)命令,绘制壶身的轮廓曲线,如图 3-52 所示。

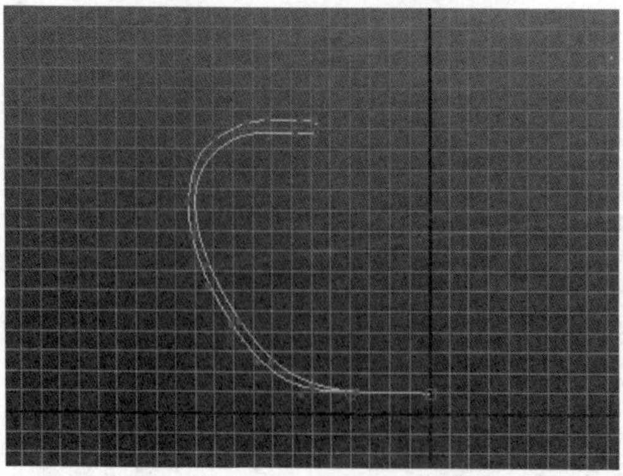

图 3-52 绘制壶身的轮廓曲线

(3) 选择绘制的曲线,单击 Surfaces|Revolve 命令,使曲线旋转 360°,产生壶体模型,如图 3-53 所示。

(4) 单击 Create|CV Curve Tool 命令,绘制壶盖的轮廓曲线,如图 3-54 所示,单击 Surfaces|Revolve 命令,旋转产生壶盖模型。

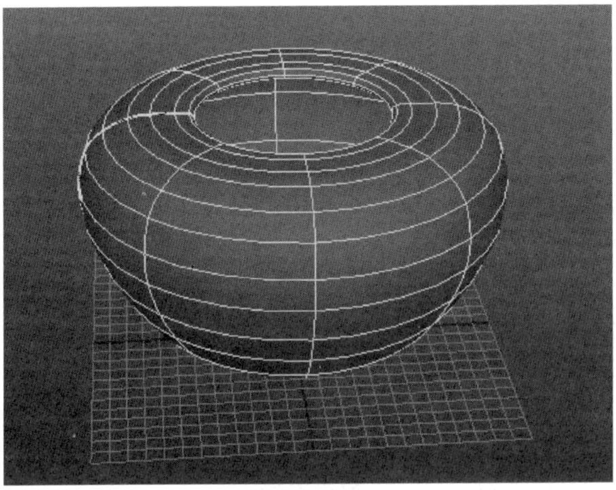

图 3-53 壶体模型

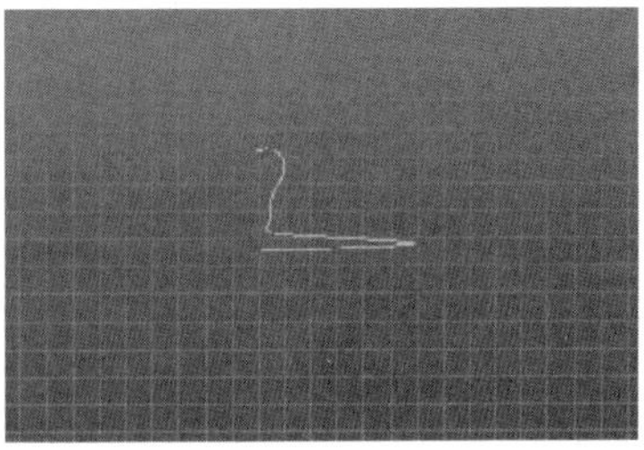

图 3-54 绘制壶盖轮廓曲线

(5) 利用 CV 曲线工具在 Front 视图中绘制茶壶把手的曲线图形,如图 3-55 所示。

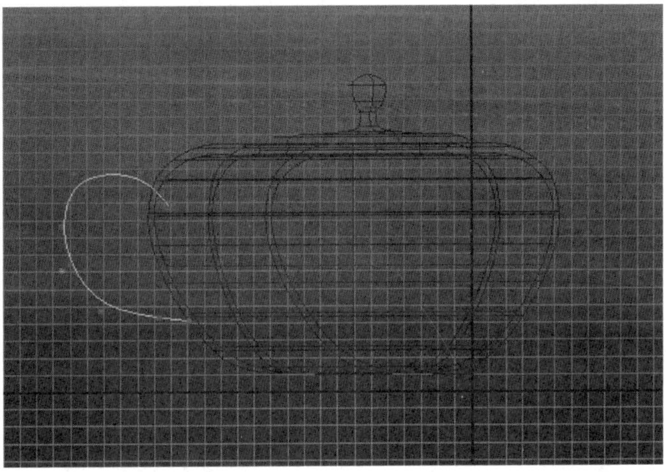

图 3-55 绘制把手曲线

(6) 选择 Size 视图,单击 Create|NURBS Primitives(NURBS 基本体)|Circle(圆形)命令,创建圆形曲线,如图 3-56 所示。

(7) 选择圆形图形,再增加选择曲线模型,然后单击 Surfaces| Extrude 命令,在弹出的属性窗口中设置 Result position(结果位置)为 At path(在路径)、Pivot(枢轴)为 Component(部件),然后单击 Apply(应用)按钮完成操作,挤出的茶壶把手如图 3-57 所示。

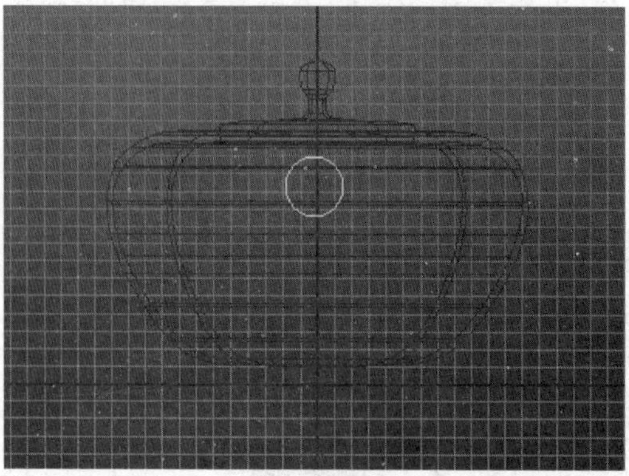

图 3-56 创建圆形曲线

图 3-57 把手模型效果

(8) 选择 Front 视图，使用 CV 曲线工具绘制壶嘴的曲线图形，如图 3-58 所示。

图 3-58 绘制壶嘴曲线

(9) 选择 Size 视图，选择菜单 Create | NURBS Primitives | Circle 命令，创建圆形曲线，将圆形网线调节到壶嘴的曲线位置，依次选择圆形和曲线，选择菜单 Surfaces |

Extrude 命令，在弹出的属性窗口中设置 Scale(缩放)值为 0.25，使挤出的模型逐渐产生缩小的效果，如图 3-59 所示。

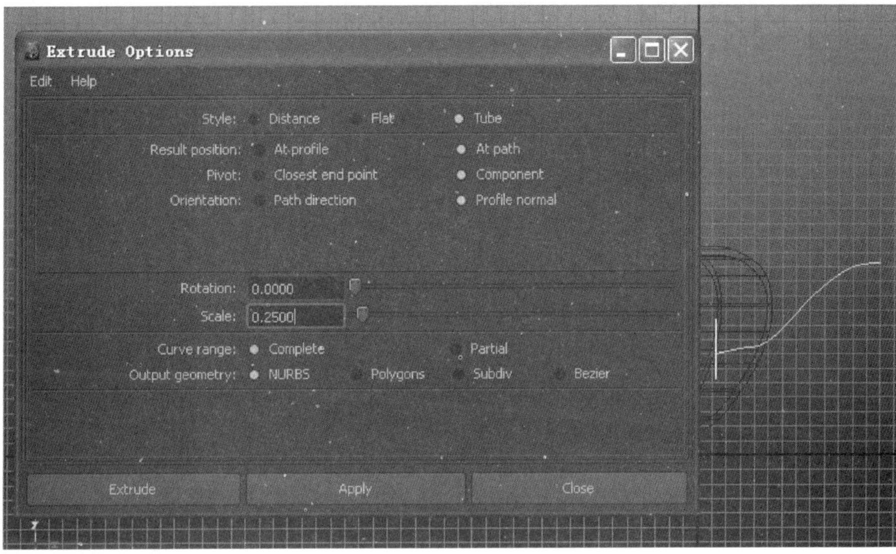

图 3-59 挤出壶嘴设置

(10) 单击 Apply 按钮，挤出壶嘴模型，如图 3-60 所示。

图 3-60 壶嘴模型效果

(11) 选择壶身与壶嘴，单击菜单中的 Edit NURBS(编辑 NURBS)|Surface Fillet(曲面倒角)|Circular Fillet(圆形倒角)命令，在弹出的属性窗口中勾选 Create curve on surface(在曲面上创建曲线)，将在壶身与壶嘴的连接处产生圆形倒角曲面，如图 3-61 所示。

(12) 圆形倒角会在两模型交接位置添加过渡，如图 3-62 所示。

(13) 选择壶身与把手，单击菜单中的 Edit NURBS|Surface Fillet|Circular Fillet 命令，在弹出的属性窗口设置 Radius(半径)值为 0.5，使相交处产生过渡效果。

(14) 选择茶壶把手模型，单击菜单 Edit NURBS|Trim Tool(修剪工具)命令，在将要

保留的模型区域单击，选择完毕后按下 Enter 键完成操作命令，将多余的重叠模型部分修剪掉，如图 3-63 所示。

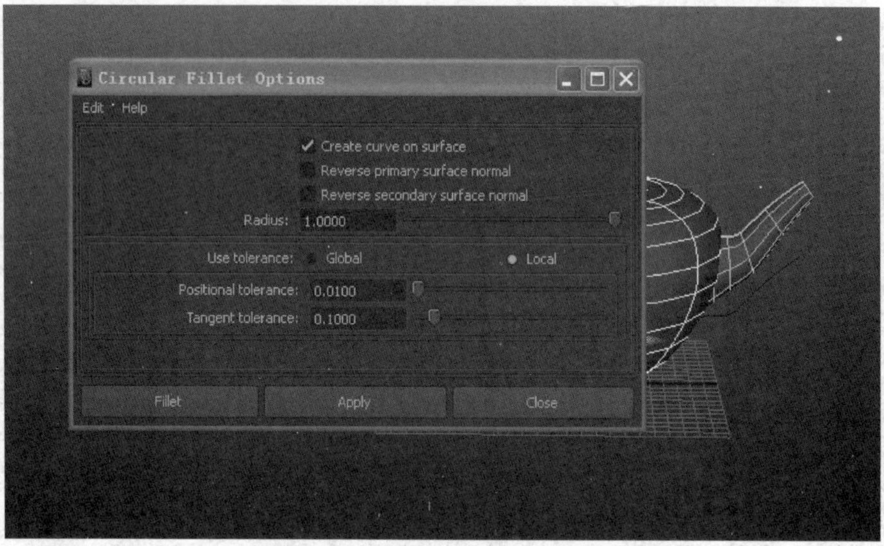

图 3-61　圆形倒角设置

图 3-62　圆形倒角过渡效果

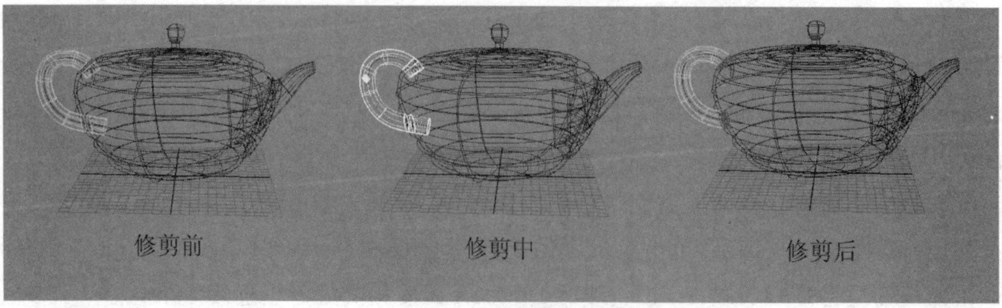

图 3-63　修剪图形

(15) 选择多余的重叠模型,按下 Delete 键将其删除。

(16) 选择 CV 曲线工具,在茶壶出水口位置绘制曲线,如图 3-64 所示。

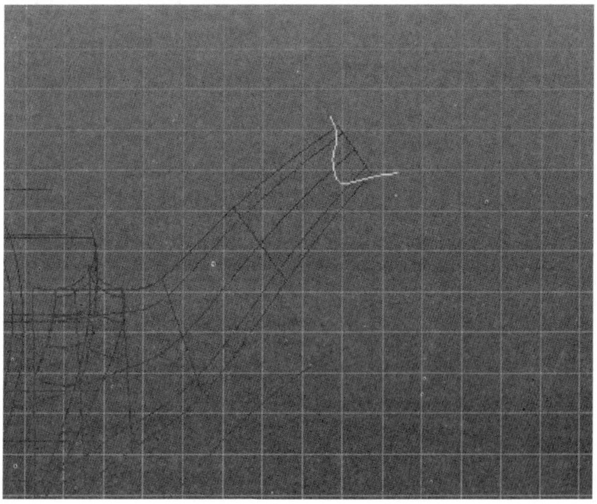

图 3-64 绘制出水口曲线

(17) 选择曲线和壶嘴模型,单击 Edit NURBS|Project Curve on Surface(投射曲线到曲面)命令,在弹出的属性窗口中设置 Project along(投射方向)为 Active view(活动视图)方式,投射出壶嘴的效果,如图 3-65 所示。

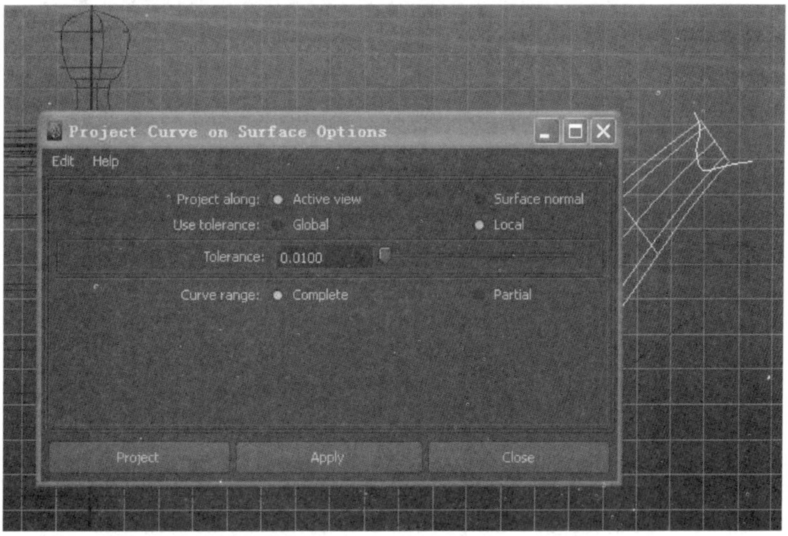

图 3-65 投射曲线到曲面

(18) 选择壶嘴模型,单击 Edit NURBS|Trim Tool(修剪工具)命令,在将要保留的模型区域单击,选择完毕后按下 Enter 键完成操作命令,将多余的重叠模型修剪掉,最终效果如图 3-66 所示。

图 3-66　茶壶模型效果

【新知解析】

1. Extrude(挤出)

该命令可以由一条路径曲线和一条轮廓曲线生成一个曲面。单击 Surfaces|Extrude 命令后面的按钮 ❐ ,可以打开挤出属性窗口,如图 3-67 所示。

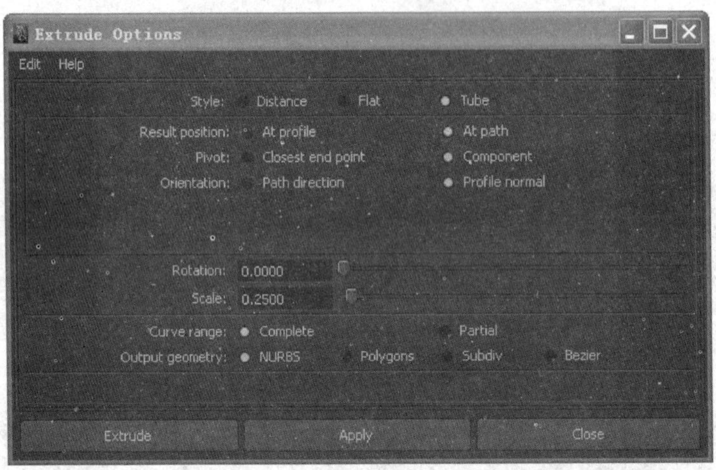

图 3-67　挤出属性窗口

Style(类型):该项设置挤出的类型。

- Distance(距离):只按轮廓线来挤出曲面,在对话框中输入数值控制挤出的长度。
- Flat(平坦):使用轮廓曲线和路径曲线以平坦的方式创建曲面。
- Tube(管状):使用轮廓曲线和路径曲线以管状的方式创建曲面。

Result position(位置):只有 Style 为 Flat 和 Tube 时才使用该项。

- At profile(轮廓):在轮廓曲线的位置处创建突起的曲面。
- At path(路径):在路径曲线的位置处创建突起的曲面。

Pivot(枢轴):只有 Style 为 Tube 时才使用该项。

- Close end point(最近端点):如果选择该项,将会使用距离界限框中心最近的路径端点，此端点用所有轮廓曲线的枢轴点。

- Component(成分)：如果选择该项，表示各轮廓曲线的枢轴点用于拉伸轮廓曲线，挤出就会按照轮廓曲线拉伸。

Orientation(方位)：只有 Style 为 Tube 时才可设置此项。

- Path direction(路径方向)：拉伸的方向将由路径曲线的方向决定。
- Profile normal(轮廓法线)：由轮廓的法线方向决定挤出的方向。
- Rotation(旋转)：在沿路径曲线拉伸时，逐渐旋转轮廓曲线。
- Scale(缩放)：在沿路径拉伸时，逐渐缩放轮廓曲线。
- Curve range(曲线范围)：Complete 为全部范围，如果设置为局部范围，将可以使用 Partial 修改曲线的范围。
- Output geometry(输出几何图形)：选择生成几何图形的形态，可以选择生成 NURBS、多边形、细分和贝塞尔 4 种曲面类型。

2. Bevel(倒角)

该项命令可以通过任一条曲线生成一个带有倒角的拉伸曲面。单击倒角工具后面的按钮，打开倒角属性窗口，如图 3-68 所示。

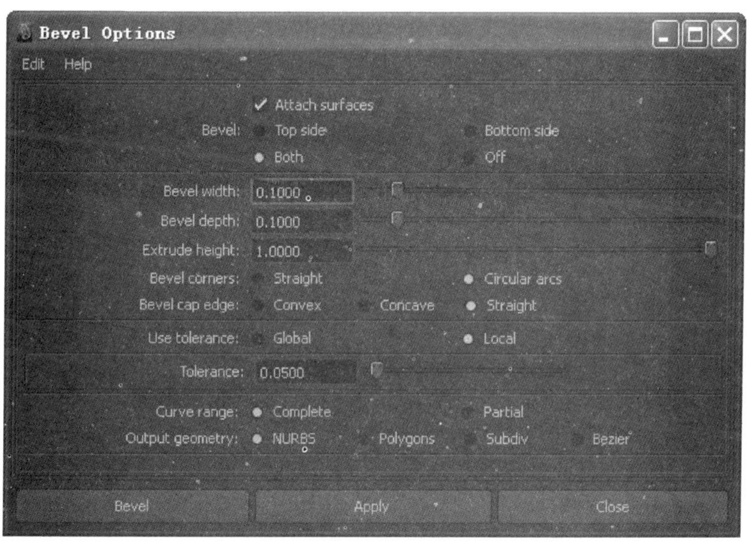

图 3-68 倒角属性窗口

Attach surface(合并曲线)：勾选此项，系统将连接生成曲面的每个部分。

Bevel(倒角)：指定以何种方式创建倒角。

- Top side(顶部)：创建顶部的倒角曲面。
- Bottom side(底部)：创建底部的倒角曲面。
- Both(都)：创建顶部和底部的倒角曲面。
- Off(无)：不创建倒角曲面。

- Bevel width(倒角宽度)：指定倒角曲面的宽度。
- Bevel depth(倒角深度)：指定倒角曲面的深度。
- Extrude height(拉伸高度)：拉伸曲面的高度。

Bevel corners(倒角曲面拐角)：设置倒角的处理方式。

- Straight(直角)：生成的曲面夹角为直角。
- Circular arcs(圆形角)：生成的曲面夹角为圆角。

Bevel cap edge(倒角盖边)：设置倒角边部分的处理方式。

- Convex(凸起)：使倒角边的部分凸起。
- Concave(凹陷)：使倒角边的部分凹陷。
- Straight(直)：使倒角边的部分保持直线。

Use tolerance(使用公差)：如果设置为 Global(全局)，将会使用 Preferences(参数)窗口中 Setting(设置)部分的 Positional(位置)公差；如果设置为 Local(局部)，则在该属性窗口中输入参数，而忽略 Preferences(参数)窗口的 Positional(位置)公差。

- Tolerance(公差)：该项用来设置输入局部公差的数值。
- Curve range(曲线范围)：如果该项设置为 Complete(完全)，则整条曲线进行倒角操作；如果设置为 Partial(部分)，则使用曲线的一段进行倒角操作。
- Output geometry(输出几何形态)：选择生成几何体的形态，可以选择生成 NURBS、多边形、细分和贝塞尔 4 种曲面类型。

3. Project Curve on Surface(映射曲线到曲面)

该项可以在曲面上映射曲线，映射曲线对于面的修剪、路径动画等操作是极为重要的，映射到曲面的曲线称为曲面曲线，如图 3-69 所示。

图 3-69 映射曲线到曲面

单击 Edit NURBS|Project Curve on Surface(映射曲线到曲面)命令后面的 ❐ 按钮，打开 Project Curve on Surface Options 窗口，如图 3-70 所示。

Project along(沿……映射)：设置是沿视图法线还是沿曲面法线进行映射。

Use tolerance(使用公差)：在原始曲线的指定公差范围内进行映射。如果设置为 Global(全局)，将会使用 Preferences(参数)窗口中 Setting(设置)部分的 Positional(位置)

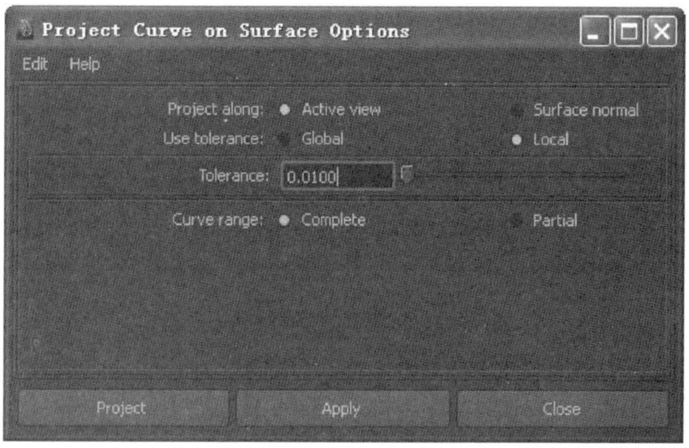

图 3-70 映射属性窗口

公差；如果设置为 Local(局部)，则在该属性窗口中输入参数，而忽略 Preferences(参数)窗口的 Positional(位置)公差。

Tolerance(公差值)：此项用来设置局部公差的数值。

Curve range(曲线范围)：如果该项设置为 Complete(完全)，则整条曲线进行映射操作；如果设置为 Partial(部分)，则使用曲线的一段进行映射操作。

4. Trim Tool(修剪工具)

该项用来修剪曲面，使其保留某个特定区域而删除其他部分，用来修剪曲面的曲线必须是曲面曲线，如图 3-71 所示。

单击 Edit NURBS|Trim Tool 命令后面的按钮 ❐，打开修剪工具属性窗口，如图 3-72 所示。

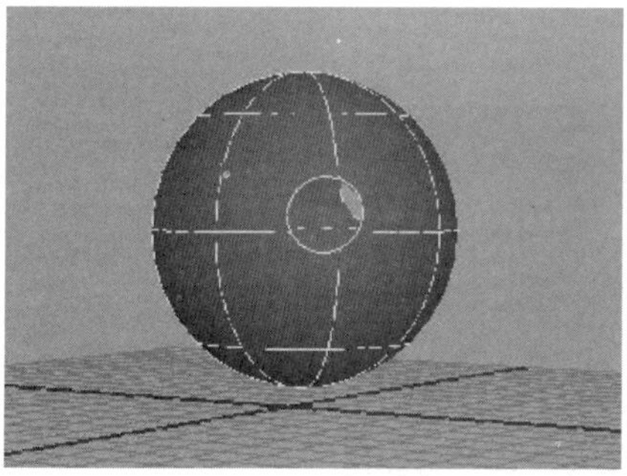

图 3-71 修剪曲面

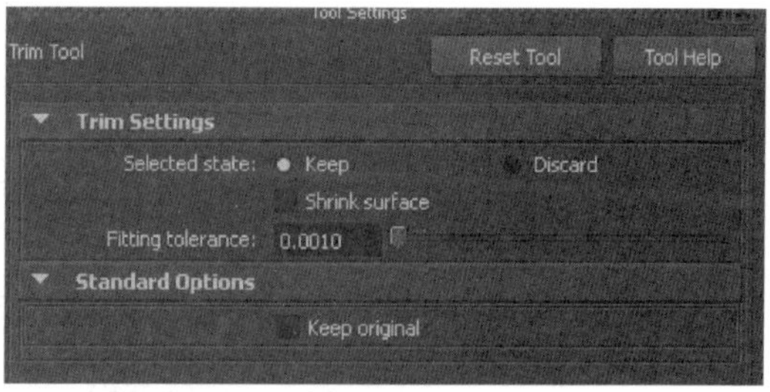

图 3-72 修剪工具属性窗口

Selected state(选择模式)：设置 Keep(保留)，则保留选择的部分；设置 Discard(丢弃)，则保留未选定的部分。

Shrink surface(收缩曲面)：勾选此项，选取面将会缩小到刚好覆盖保留区域的大小。需要注意的是此操作不能用取消修剪面恢复。

Fitting tolerance(适合公差)：通过输入公差值来修改修剪的精度。

keep original(保留原始)：修剪后可以保留原始物体。

【任务扩展】

利用 Bevel(倒角)制作三维文字，如图 3-73 所示。

图 3-73　三维文字效果

【操作步骤】

(1) 打开 Maya，选定 Front 视图，单击菜单 Create|Text 命令后面的按钮 □，在打开的文本属性窗口的文本框中输入“三维文字”，如图 3-74 所示。

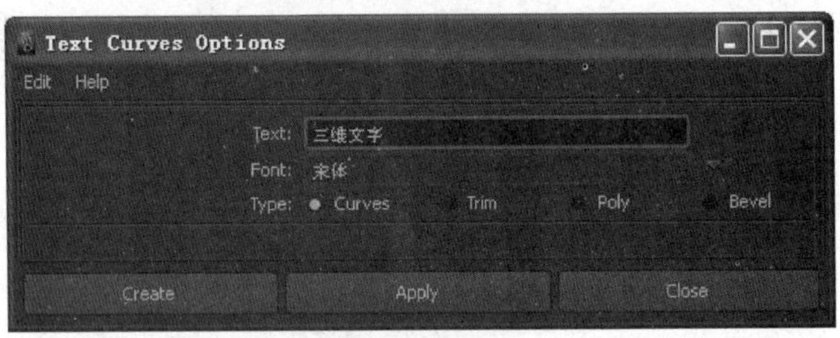

图 3-74　文本属性窗口

(2) 单击 Create 按钮，建立文本对象，如图 3-75 所示。

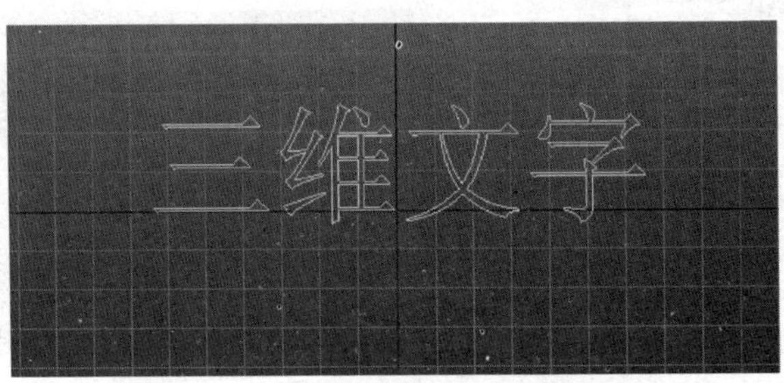

图 3-75　创建文本

(3) 选中文字，单击 Surface|Bevel 命令后的按钮 □，设置 Extrude height(挤出长度)为 0.3，如图 3-76 所示。

(4) 单击 Bevel 按钮，生成倒角效果，生成空心文字，如图 3-77 所示。

(5) 选择文字两边的边线，单击 Surface|Planar 命令，建立平面，使之形成三维文字，如图 3-78 所示。

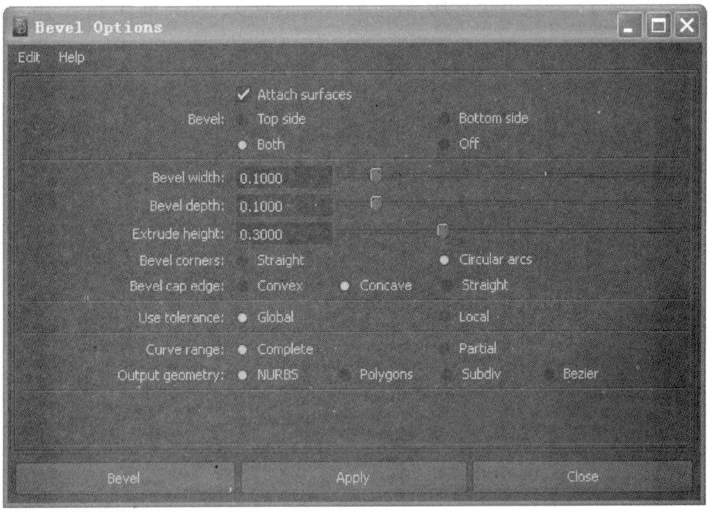

图 3-76 倒角属性窗口

图 3-77 倒角文字效果

图 3-78 三维文字效果

【任务总结】

(1) 使用 Extrude 命令可以由一条路径曲线和一条轮廓曲线生成一个曲面。

(2) 使用 Bevel 命令可以通过任一条曲线生成一个带有倒角的拉伸曲面。

(3) 圆形倒角中的 Radius(半径)可以控制倒角的弧度半径值。

(4) Project Curve on Surface(映射曲线到曲面)命令可以在曲面上映射曲线,映射曲线对于面的修剪、路径动画等操作是极为重要的,在以后的应用中应注意该命令的应用。

(5) Trim Tool(修剪工具)命令用来修剪曲面,使其保留某个特定区域而删除其他部分,用来修剪曲面的曲线必须是曲面曲线。

【任务评价】

任务 3.3 评价表见表 3-3。

表 3-3 任务 3.3 评价表

任务 3.3 评价细则		自 评	教师评价
1	曲线工具的使用		
2	曲线的调整		
3	命令的使用		
4	命令的理解		
5	任务的制作步骤		
任务综合评价			

任务 3.4 台灯模型的创建

使用 Extrude(挤出)命令制作茶壶,如图 3-79 所示。

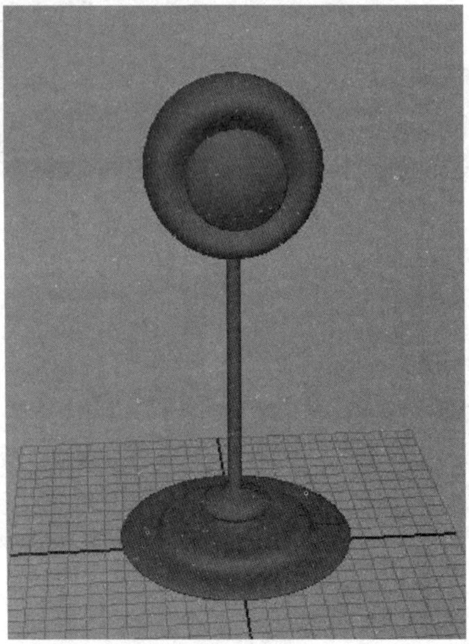

图 3-79 台灯

【任务分析】

1. 制作分析

(1) 使用 Surface 命令完成底座和灯罩的制作。

(2) 使用 Polygon 建模完成灯颈和灯泡的制作。

2. 工具分析

(1) 使用 Create|EP Curve Tools(EP 曲线)绘制灯座的曲线。

(2) 使用 Surfaces|Revolve(旋转成型)命令完成灯座的创建。

(3) 使用 Create|Cylinder(圆柱体)、Cone(圆锥体)、NURBS Sphere(球体)完成台灯其他部位的创建。

3. 学习目标

通过本任务的制作,要求掌握如下内容。

(1) 使用 Create|Polygon Primitives、NURBS Primitives(NURBS 基本体)命令熟练掌握基本几何体的创建。

(2) 使用 Create|EP Curve Tools 命令学会创建曲线,旋转成型制作所需的几何形体。

【任务实施】

(1) 新建项目。单击 File|Project Window 窗口,打开项目面板窗口,在窗口中指定项目名称 taideng_ Project,单击 Accept 按钮完成项目目录的创建。

(2) 单击 Create|EP Curve Tools 命令,在 Front 视图里创建曲线,右击选择 Edit Point 模式对其进行调整,如图 3-80 所示。

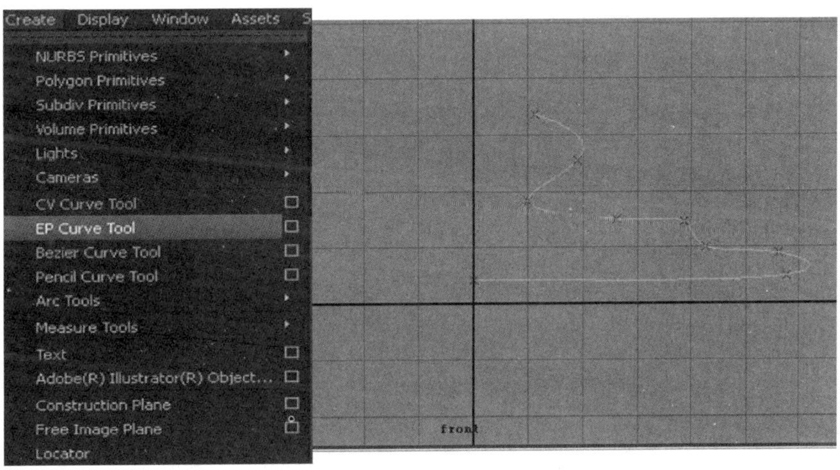

图 3-80　创建 EP 曲线

(3) 选择曲线,执行 Surfaces|Revolve 命令,如图 3-81 所示。

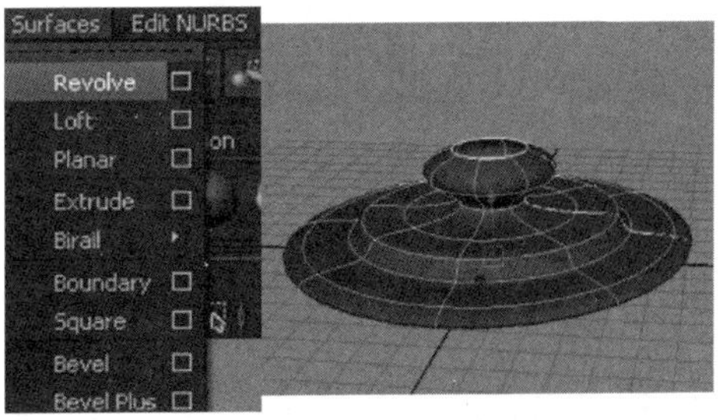

图 3-81　旋转成型制作台灯底座

（4）切换到 top 视图，执行 Create | Polygon Primitives | Cylinder 命令制作灯颈，如图 3-82 所示。

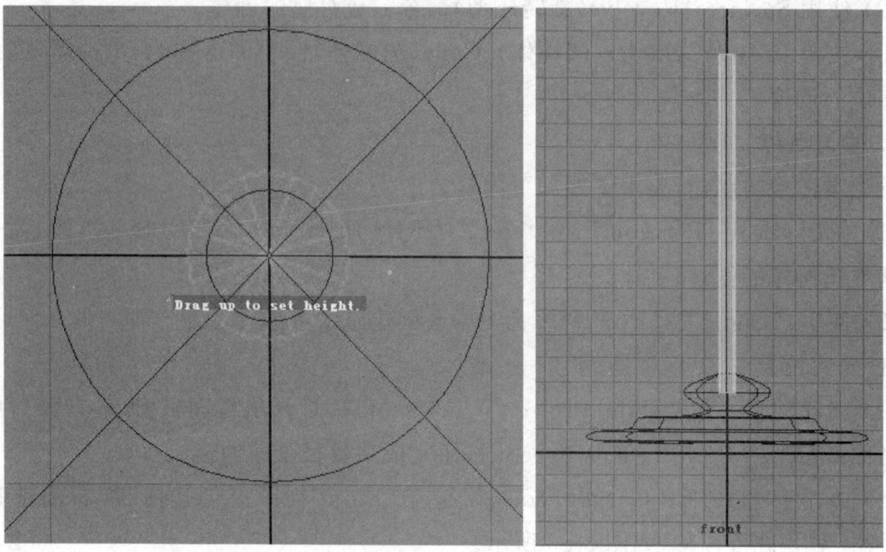

图 3-82　灯颈制作

（5）修改圆柱体的属性参数，如图 3-83 所示。

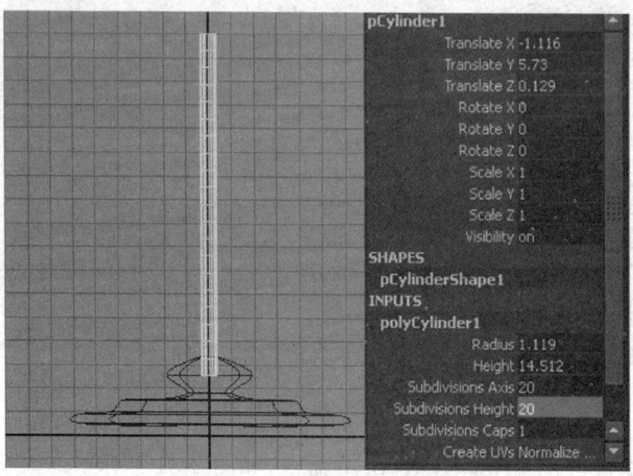

图 3-83　属性的调整

（6）执行 Create | NURBS Primitives | Sphere（球体）命令，创建一个球体。

（7）右击选择 Control Point，选择要修改的点进行形状调整，如图 3-84 所示。

（8）右击选择 Isoparm，在球体上选择 Isoparm 向外拖动，执行 Edit Curves（编辑曲线）| Insert Knot 命令添加曲线，如图 3-85 所示。

（9）执行 Create | Polygon Primitives | Cone（圆锥体）命令，在球体的深处创建圆锥体，并进行属性调整，如图 3-86 所示。

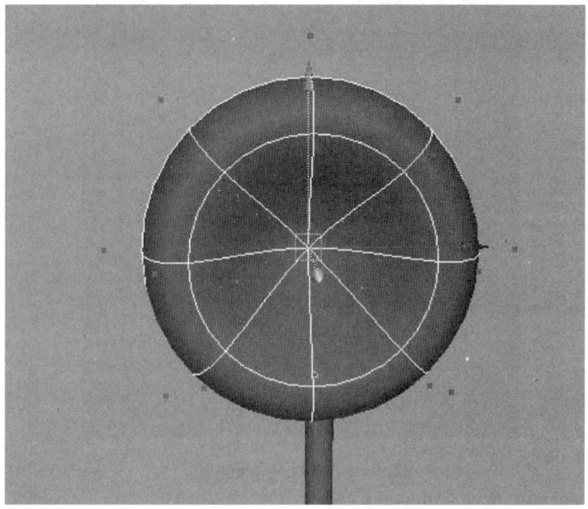

图 3-84 调整点

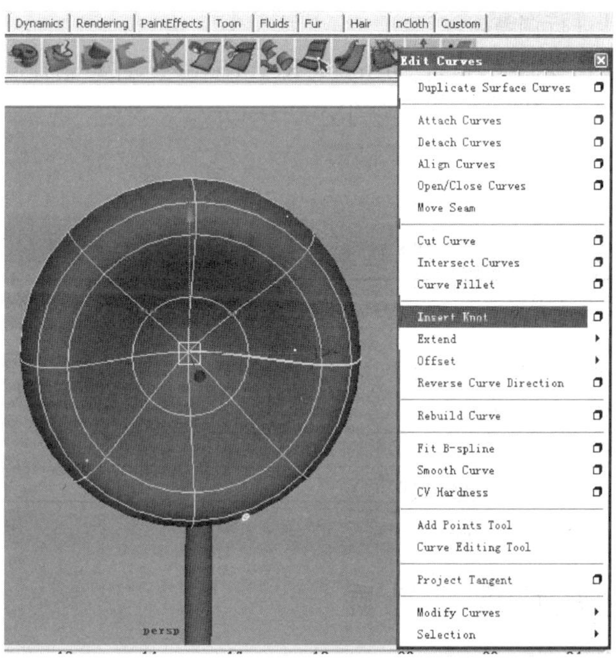

图 3-85 编辑曲线

(10) 框选所有物体执行 Edit | Delete by Type History(删除历史记录),并执行 Modify(修改) | Freeze Transformations 将多边形物体的属性值归零处理。

【任务总结】

(1) 使用 Create 命令创建两种形式的多边形基本体。

(2) 使用 NURBS 的基本编辑属性编辑多边形。

(3) 删除多边形的历史记录并将属性值归零,为后面的动画制作做好准备。

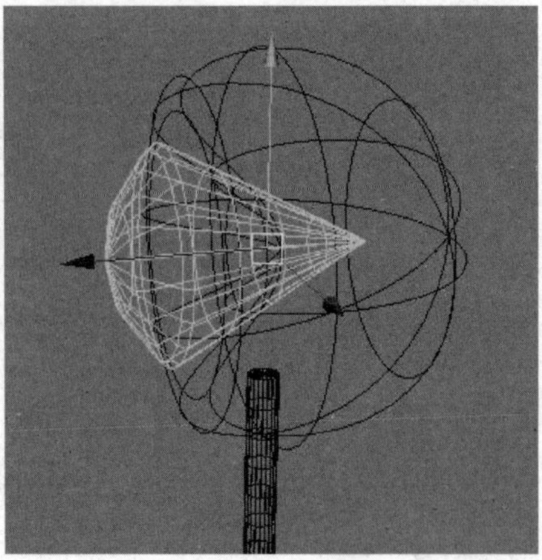

图 3-86　灯泡的创建

【新知解析】

(1) 创建 EP 曲线：选择 Creat|EP Curve Tools(EP 曲线)命令创建曲线，右击，选择 Edit Point 模式对其进行调整。

(2) 旋转成型：选择曲线，执行 Surfaces|Revolve 命令，注意选择旋转成型的轴向。

(3) 删除历史记录：Edit|Delete by Type History。

【任务评价】

任务 3.4 评价表见表 3-4。

表 3-4　任务 3.4 评价表

任务 3.4 评价细则		自　评	教师评价
1	曲线工具的使用		
2	曲线的编辑		
3	曲线的旋转成型		
4	删除历史记录		
任务综合评价			

任务 3.5　为台灯添加材质

使用材质编辑属性为台灯添加材质。

【任务分析】

1. 制作分析

使用材质编辑属性进行材质的添加。

2. 工具分析

使用 Hypershade 命令为多边形添加不同的材质球属性。

3. 学习目标

通过本任务的制作，要求掌握如下内容。

能够熟练运用 Hypershade 命令为多边形物体编辑材质。

【任务实施】

(1) 执行 Window|Rendering Editors(渲染编辑)|Hypershade 命令,打开 Hypershade 编辑窗口,如图 3-87 所示。

图 3-87 Hypershade 窗口

(2) 单击选择 Blinn 材质,Blinn 材质球会出现在 Work Area 窗口,选择灯套和灯座,在材质球上右击,选择 Assign Material To Selection(将材质赋予所选择的多边形),如图 3-88 所示。

图 3-88 赋予灯套和灯座材质

(3) 双击 Blinn 材质球,打开材质编辑属性,修改材质球颜色,如图 3-89 所示。

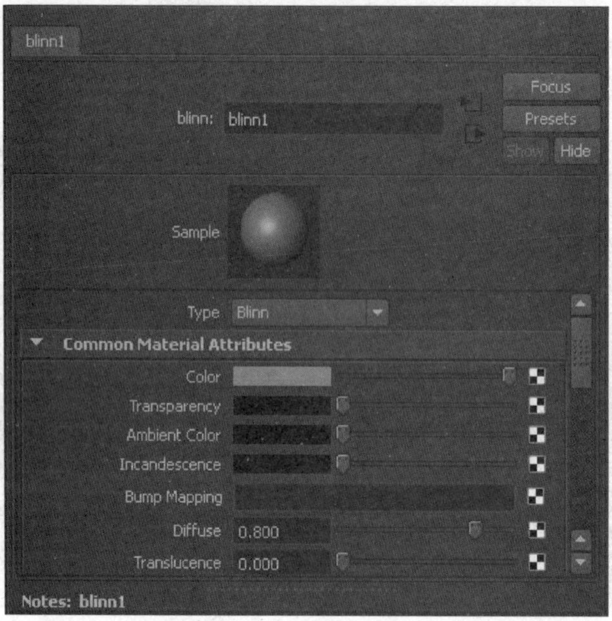

图 3-89　编辑材质球属性

(4) 同步骤(3)为台灯的颈添加 Lambert 材质球,并编辑材质属性,如图 3-90 所示。

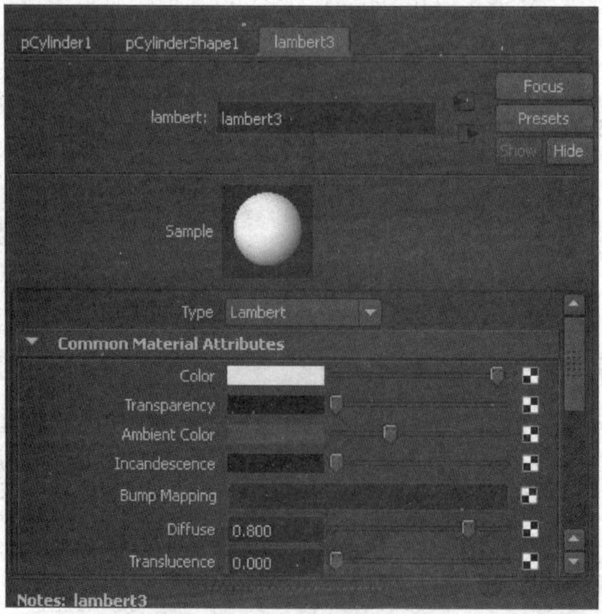

图 3-90　台灯颈材质编辑

(5) 同样为灯泡添加 Phong 材质球,属性编辑如图 3-91 所示。

(6) 实时渲染整个台灯,观看效果,如图 3-92 所示。

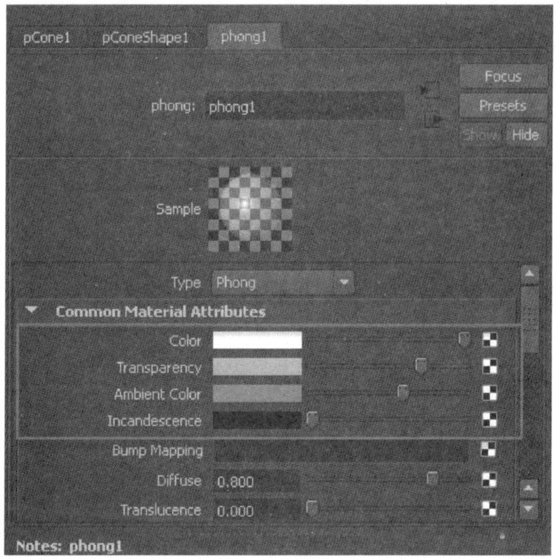

图 3-91　灯泡材质属性编辑

图 3-92　台灯材质展示

【任务总结】

(1) 使用 Hypershade 命令为台灯添加材质属性。

(2) 根据物体材质特点进行属性的调整。

【新知解析】

(1) 添加材质球方法：选择需要添加材质的模型，执行 Window|Rendering Editors(渲染编辑)|Hypershade 命令，打开 Hypershade 编辑窗口，将需要的材质球类型拖给选择的模型或者在材质球上右击选择 Assign Material To Selection(将材质赋予所选择的多边形)。

(2) 修改材质球色彩属性：双击材质球，打开材质编辑属性，修改材质球颜色。

【任务评价】

任务 3.5 评价表见表 3-5。

表 3-5　任务 3.5 评价表

任务 3.5 评价细则		自　评	教师评价
1	材质球的添加		
2	材质球基本属性的调整		
任务综合评价			

模块 4

高级建模——卡通人物建模

高级建模中以多边形建模为主，使用多边形建模方式也可以构造光滑的、具有细节的模型。由于在多边形编辑过程中往往只需要对单一模型进行编辑，而 NURBS 建模方式则会产生为数众多的曲面单体，这对于创建复杂形状模型显然提高了制作难度。因此多边形建模方式被广泛应用于动画和电影特效制作。

任务：使用 Polygons(多边形建模)模块进行卡通人物建模，如图 4-1 所示。

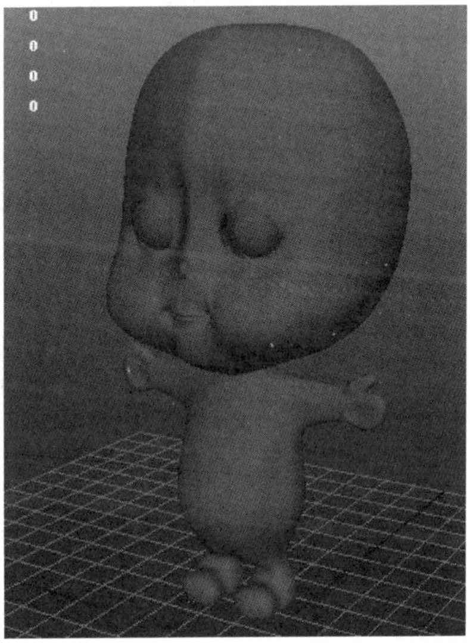

图 4-1　卡通人物建模

【任务分析】

1. 制作分析

(1) 人物头部的创建。

(2) 人物五官的雕刻。

(3) 人物身体的创建。

(4) 头部与身体的连接融合。

2. 工具分析

使用 Extrude 命令完成卡通人物各个部分的细致创建。

3. 学习目标

通过本任务的制作,要求掌握如下内容。

(1) 综合使用多边形建模模块,熟练掌握各种建模的制作技巧。

(2) 能够自主完成中级模型的建模任务。

【任务实施】

(1) 新建项目。单击 File|Project Window 命令,打开 Project Window 属性窗口,在窗口中指定项目名称和位置,单击 Accept 按钮完成项目目录的创建。

(2) 在快捷菜单栏目选择 Surface 模块,选择立方体进行创建,如图 4-2 所示。

(3) 调整位置和大小,并删掉多余的三个面,将剩下的面作为前视图、侧视图的参考,如图 4-3 所示。

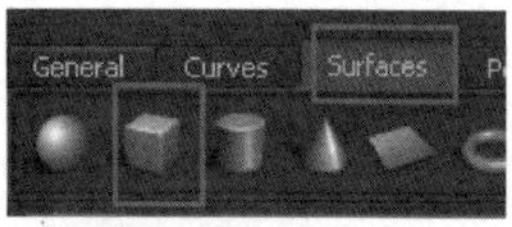

图 4-2 卡通人物建模步骤 2 图

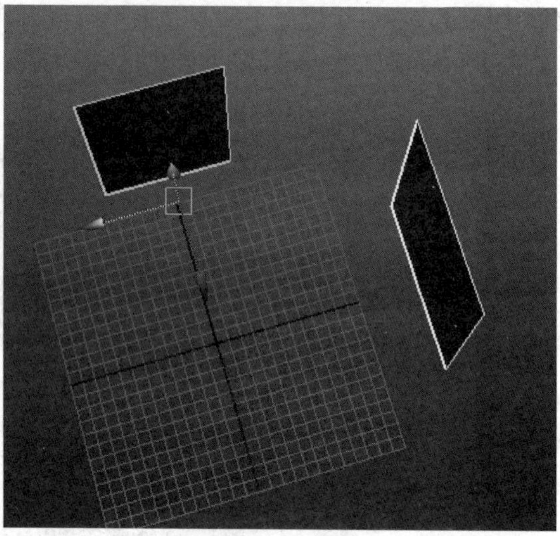

图 4-3 卡通人物建模步骤 3 图

(4) 选择其中的前视图面片,右击,在出现的下拉菜单中选择 Assign New Material (添加新的材质球)命令,如图 4-4 所示。

(5) 在弹出的材质球编辑器中选择 Lambert 材质球,如图 4-5 所示。

(6) 在界面右侧的属性编辑栏中选择 Lambert2 选项卡中 Color 后面的棋盘格,进入编辑模式,如图 4-6 所示。

(7) 选择右栏侧的 File,在弹出的右侧属性编辑器中选择 Image Name(文件名字)后面的文件夹按钮,选择要作为参考的图片 source image-front,完成图片材质的添加,如图 4-7 所示。

(8) 选择添加材质的面片,按下数字键 6 显示其材质属性,如图 4-8 所示。

(9) 参照步骤(1)~步骤(8)再分别完成前视图的材质附加,如图 4-9 所示。

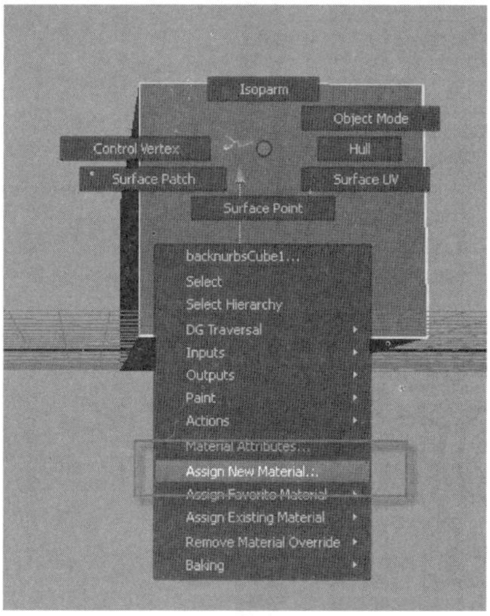

图 4-4　卡通人物建模步骤 4 图

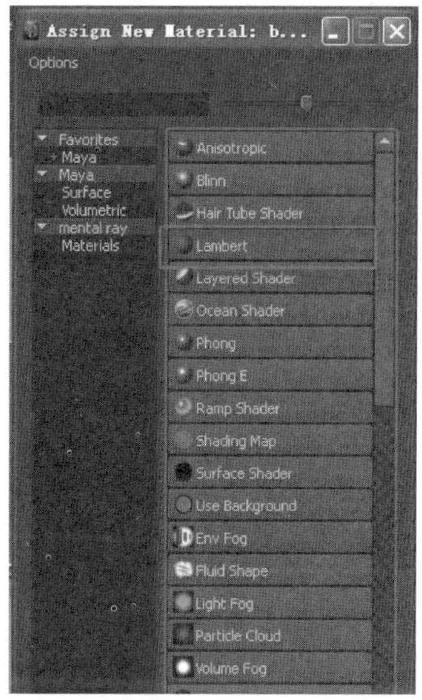

图 4-5　卡通人物建模步骤 5 图

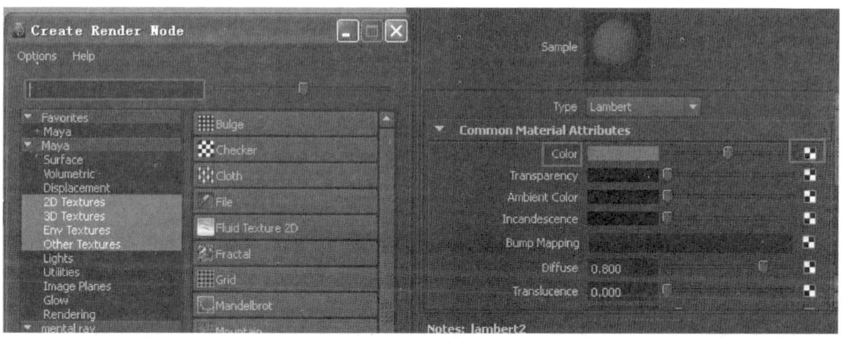

图 4-6　卡通人物建模步骤 6 图

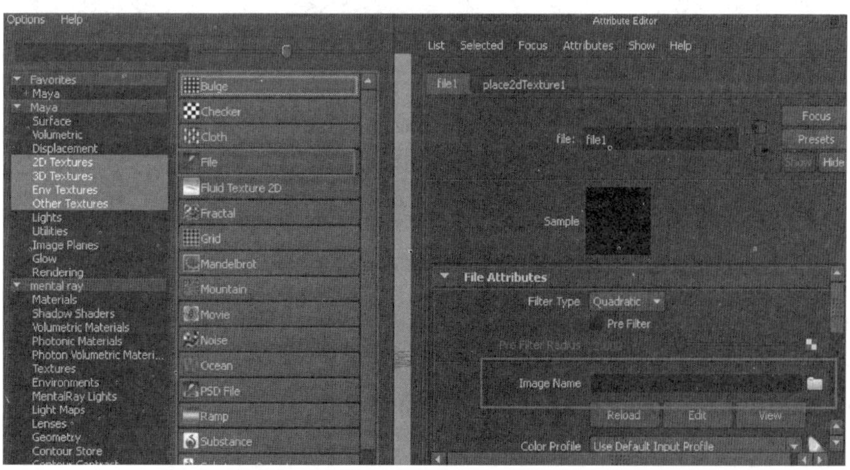

图 4-7　卡通人物建模步骤 7 图

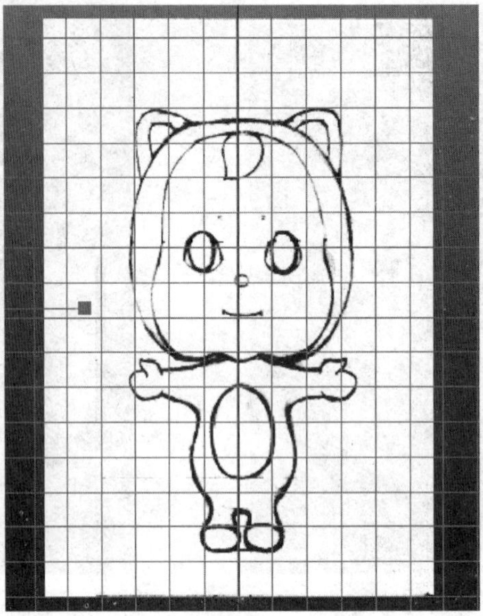

图 4-8 卡通人物建模步骤 8 图

图 4-9 卡通人物建模步骤 9 图

(10) 选择 Shading|X-Ray(X 射线),开启顶视图、侧视图、前视图的透视射线,辅助建模,如图 4-10 所示。

(11) 单击 Create|Polygon Primitives|Cube 命令,创建一个立方体,如图 4-11 所示。

(12) 长方体参数设置如图 4-12 所示。

(13) 按下 F11 键(面级别),选择对称的、未调整的另一半,按下 Delete(删除)键,删除选择的面,如图 4-13 所示。

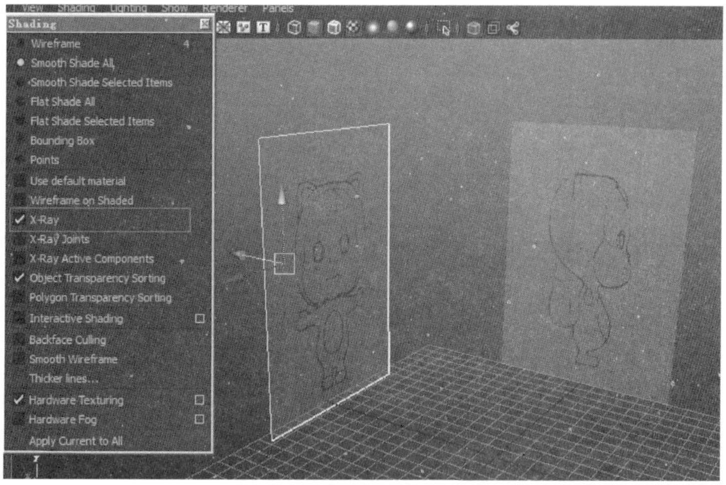

图 4-10　卡通人物建模步骤 10 图

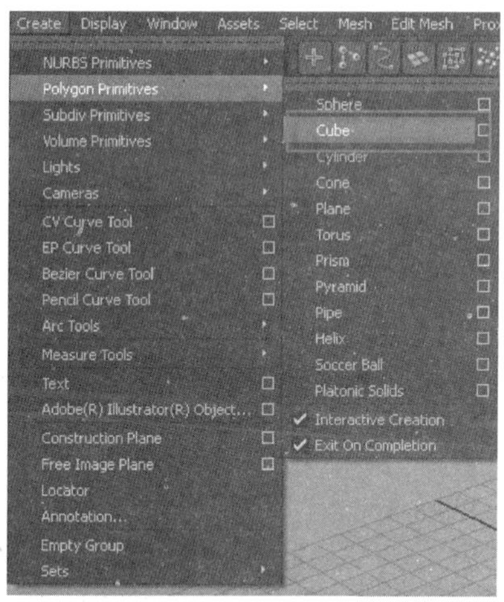

图 4-11　卡通人物建模步骤 11 图

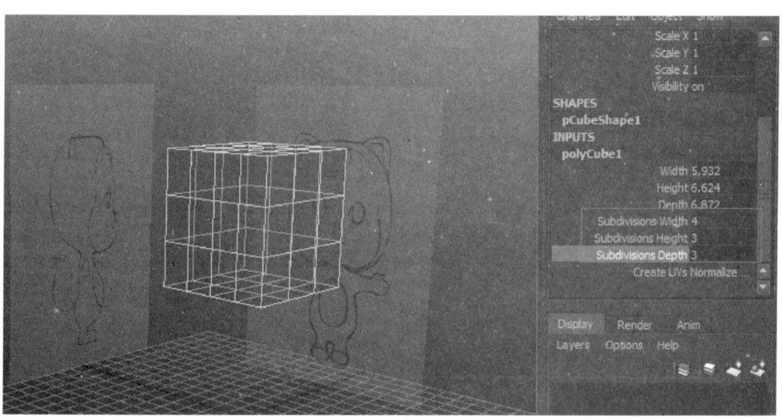

图 4-12　卡通人物建模步骤 12 图

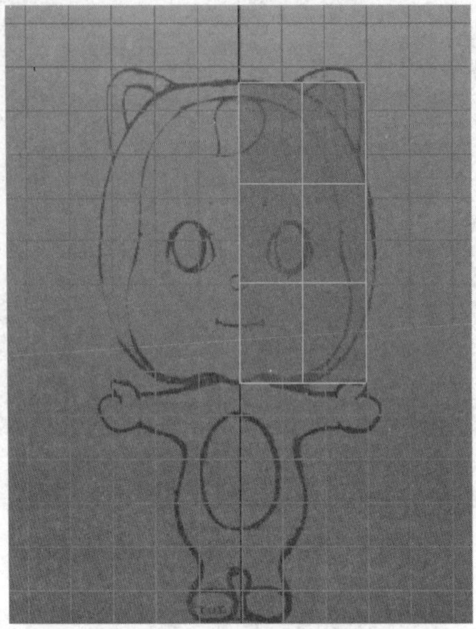

图 4-13　卡通人物建模步骤 13 图

(14) 按下 F9(点级别)键,参照参考图进行形状基本调整,如图 4-14 所示。

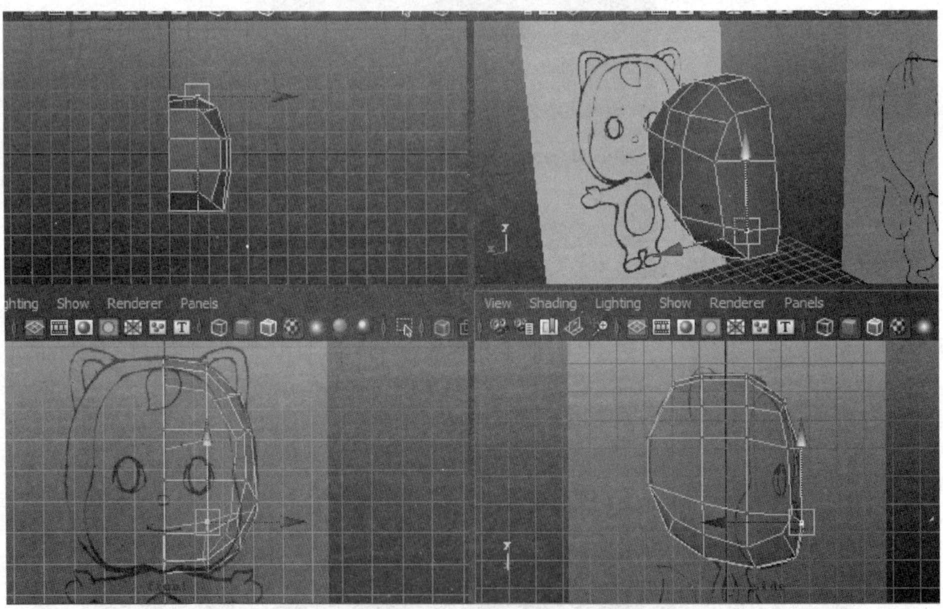

图 4-14　卡通人物建模步骤 14 图

(15) 在参考图眼睛部位执行 Edit Mesh|Insert Edge Loop Tool 命令,如图 4-15 所示。

(16) 调整眼部布线,使其符合参考图的形状,如图 4-16 所示。

(17) 在参考图嘴巴部位执行 Edit Mesh|Insert Edge Loop Tool 命令,将形状调整至图 4-17 所示。

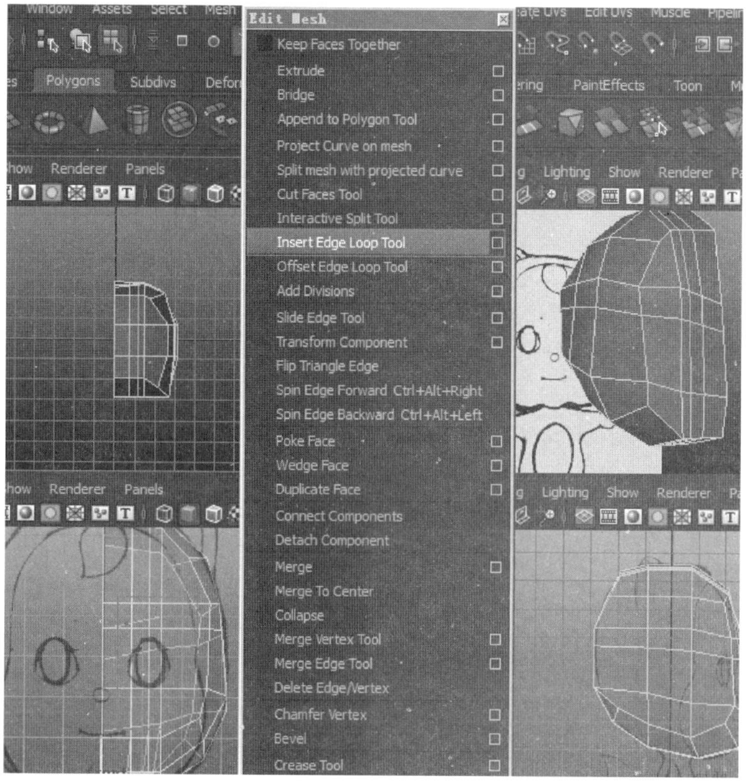

图 4-15　卡通人物建模步骤 15 图

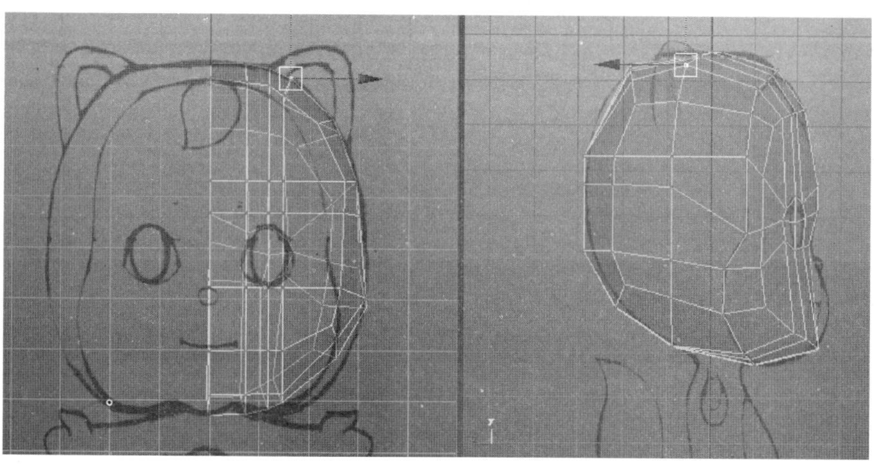

图 4-16　卡通人物建模步骤 16 图

(18) 选择鼻子部分的面，执行 Edit Mesh|Extrude，将鼻子部分的面挤出，如图 4-18 所示。

(19) 选择卡通人物嘴巴的面，执行 Edit Mesh|Delete Edge/Vertex(删除线/点)，如图 4-19 所示。

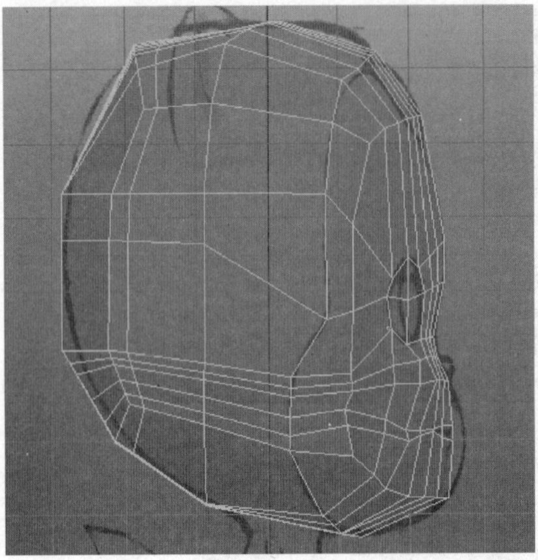

图 4-17　卡通人物建模步骤 17 图

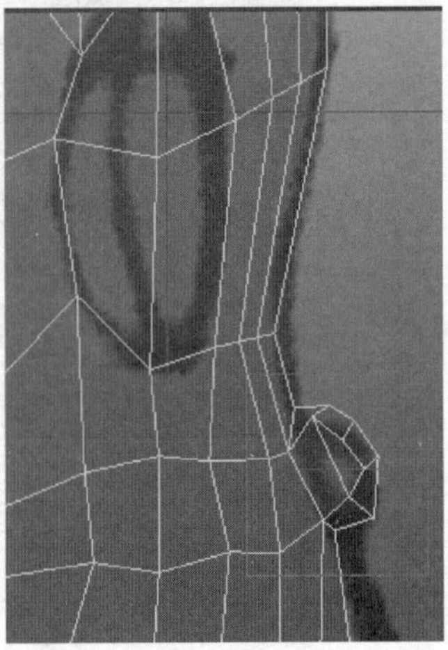

图 4-18　卡通人物建模步骤 18 图

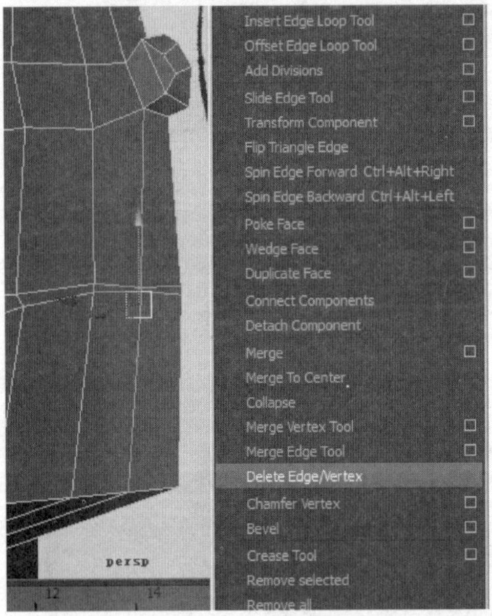

图 4-19　卡通人物建模步骤 10 图

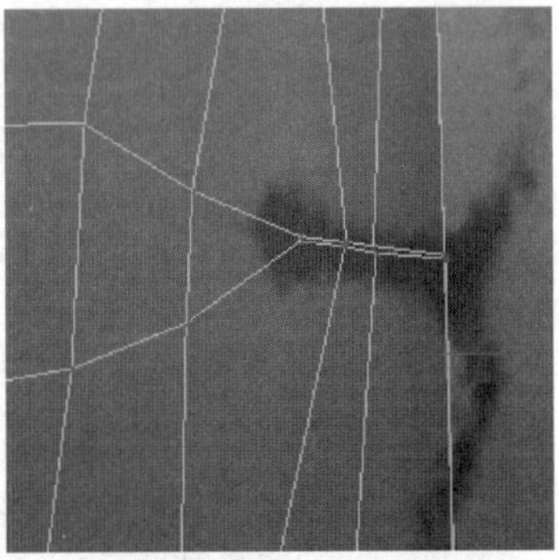

图 4-20　卡通人物建模步骤 20 图

(20) 执行 Edit Mesh|Extrude,调整形状和布线如图 4-20 所示。

(21) 在嘴巴布线中执行 Edit Mesh|Insert Edge Loop Tool 命令,插入三条循环线并调整布线如图 4-21 所示。

(22) 选择眼睛部分的点,调整形状和布线如图 4-22 所示。

(23) 选择卡通人物眼睛范围的面,执行 Edit Mesh|Delete Edge/Vertex(删除线/点),调整形状和布线如图 4-23 所示。

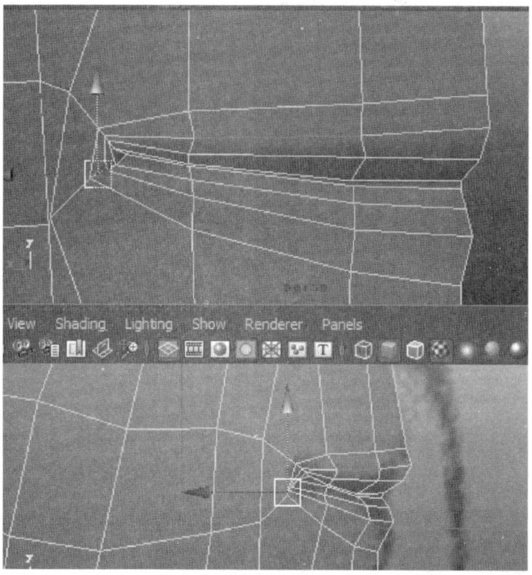

图 4-21　卡通人物建模步骤 21 图

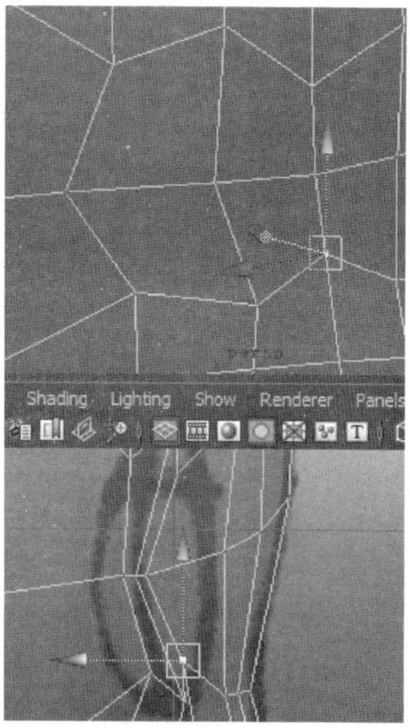

图 4-22　卡通人物建模步骤 22 图

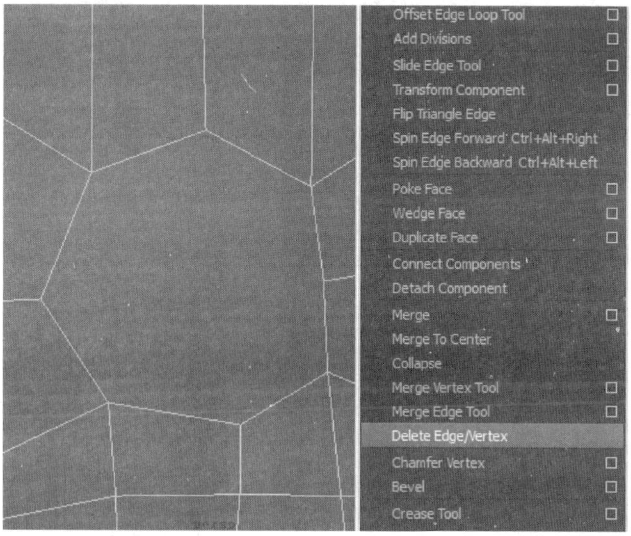

图 4-23　卡通人物建模步骤 23 图

(24) 选择眼睛部分的面，执行挤压命令，调整布线如图 4-24 所示。

(25) 选择眼球的面执行挤压命令，调整出眼睛内眼皮部分，并删除中心的不规则面，如图 4-25 所示。

(26) 按下 F9 键切换至点模式，调整面部布线和形状至如图 4-26 所示。

(27) 执行 Edit Mesh|Interactive Split Tool，重新调整眼部周围的布线，并使用 Mesh|Sculpt Geometry(绘画雕刻)工具调整形状和布线至如图 4-27 所示。

(28) 选择颈部的面，执行挤压命令，将颈部挤压成型，如图 4-28 所示。

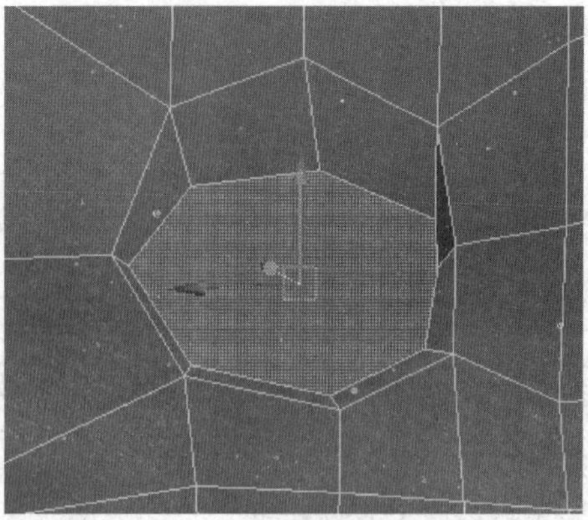

图 4-24　卡通人物建模步骤 24 图

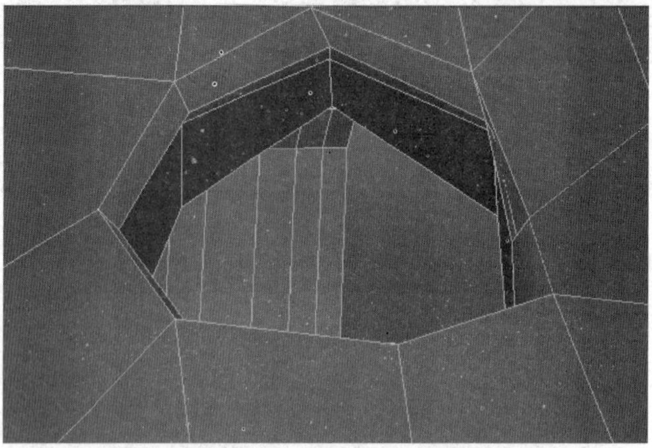

图 4-25　卡通人物建模步骤 25 图

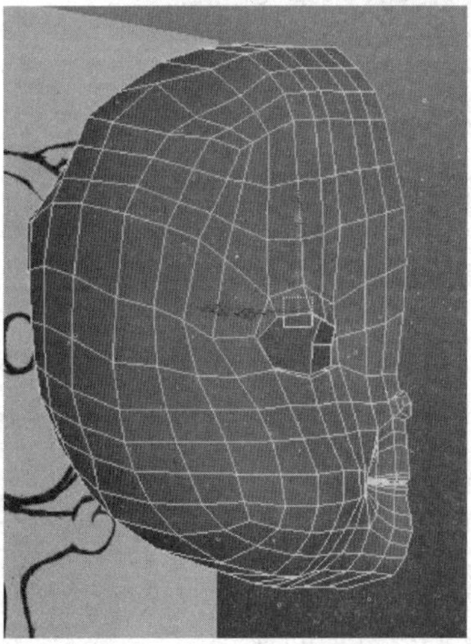

图 4-26　卡通人物建模步骤 26 图

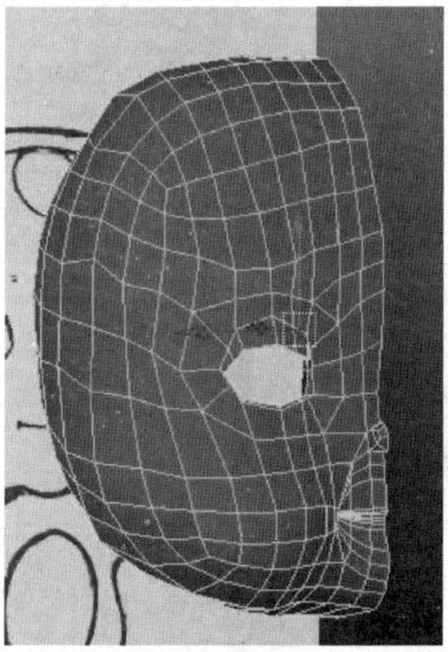

图 4-27　卡通人物建模步骤 27 图

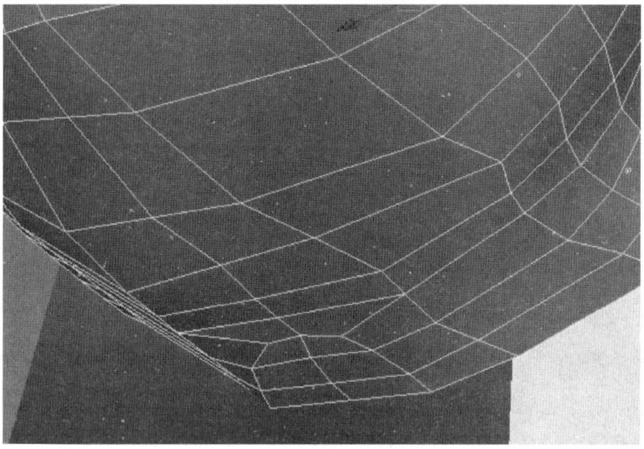

图 4-28 卡通人物建模步骤 28 图

(29) 继续挤压,调整位置和布线,如图 4-29 所示。

(30) 删除脖子位置因挤压而产生的多余的面,如图 4-30 所示。

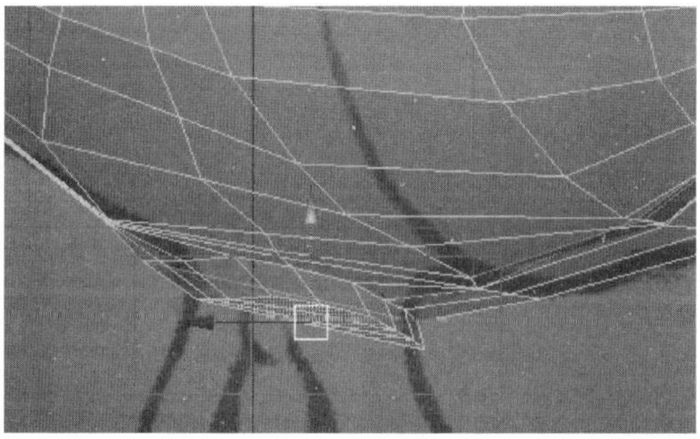

图 4-29 卡通人物建模步骤 29 图

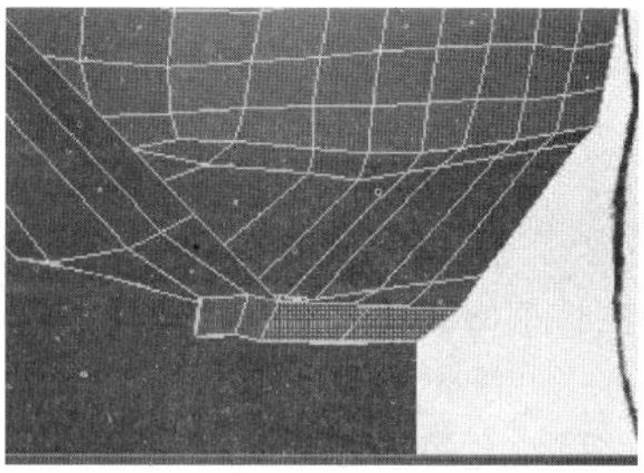

图 4-30 卡通人物建模步骤 30 图

(31) 在人物眼部位置创建一个 Surface 球体并调整位置,如图 4-31 所示。

(32) 调整眼部布线,使眼皮与眼球接触准确,如图 4-32 所示。

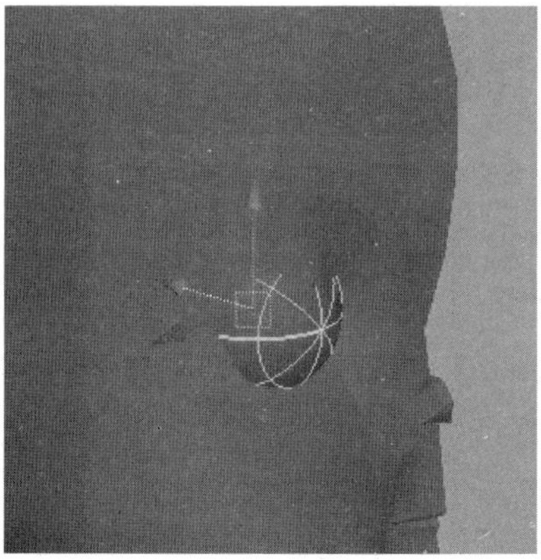

图 4-31 卡通人物建模步骤 31 图

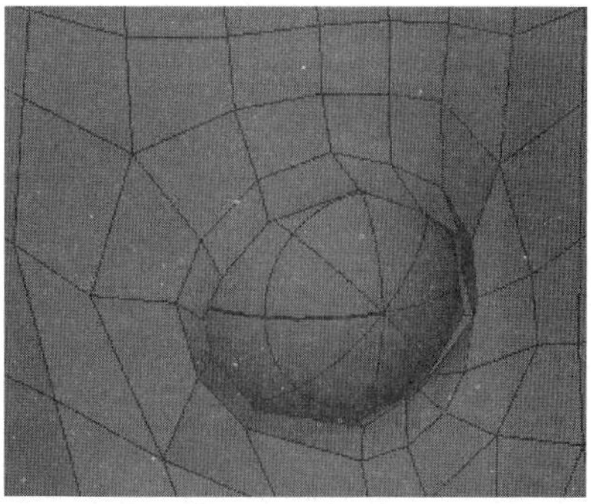

图 4-32 卡通人物建模步骤 32 图

(33) 选择眼球,按 Shift 键加选人头,按下快捷键 p 建立父子关系,选择头部执行 Edit|Duplicate Special,调整参数如图 4-33 所示,执行镜像复制。

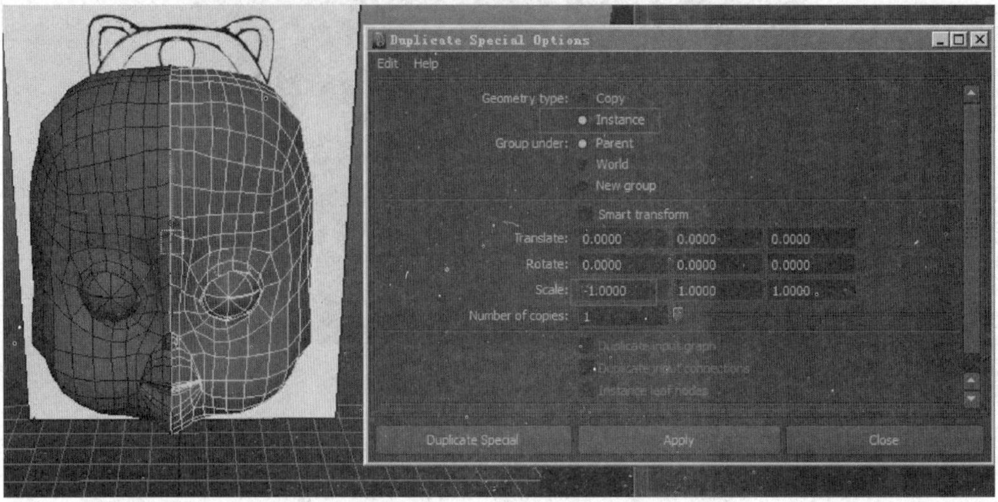

图 4-33 卡通人物建模步骤 33 图

(34) 调整卡通人物整体的布线和形状,如图 4-34 所示。

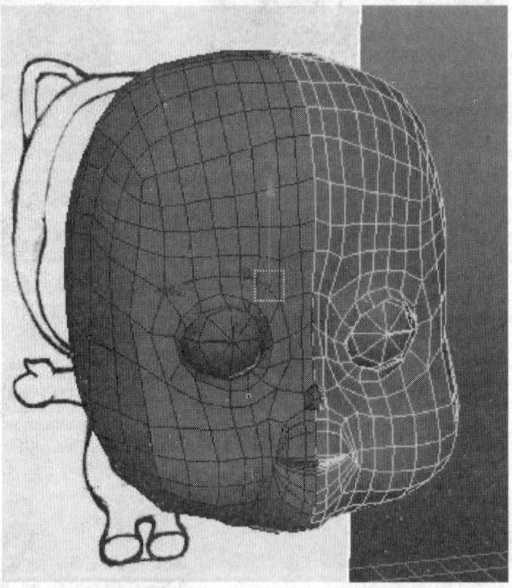

图 4-34 卡通人物建模步骤 34 图

(35) 头部完成后,参照参考图创建立方体制作身体并调整布线,如图 4-35 所示。

(36) 调整形状和布线,如图 4-36 所示。

(37) 选择卡通人物模型身体部分,执行 Edit Mesh|Extrude 并调整布线,如图 4-37 所示。

(38) 继续执行挤压并调整形状和布线,如图 4-38 所示。

(39) 删除身体内侧多余的面并调整形状和布线,如图 4-39 所示。

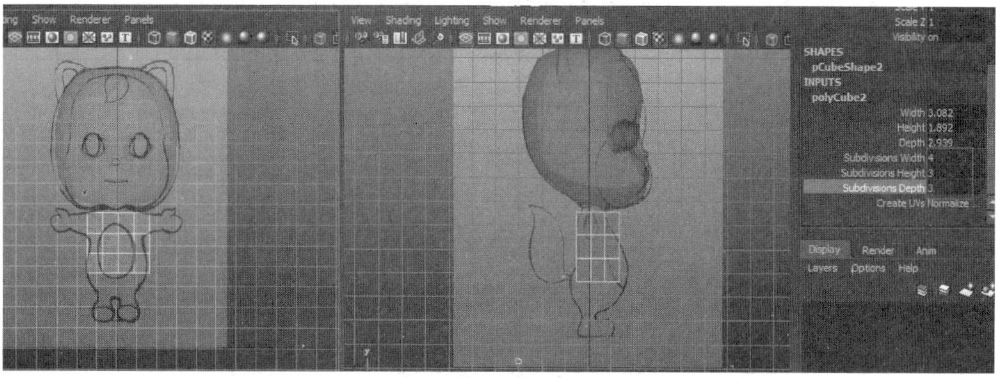

图 4-35　卡通人物建模步骤 35 图

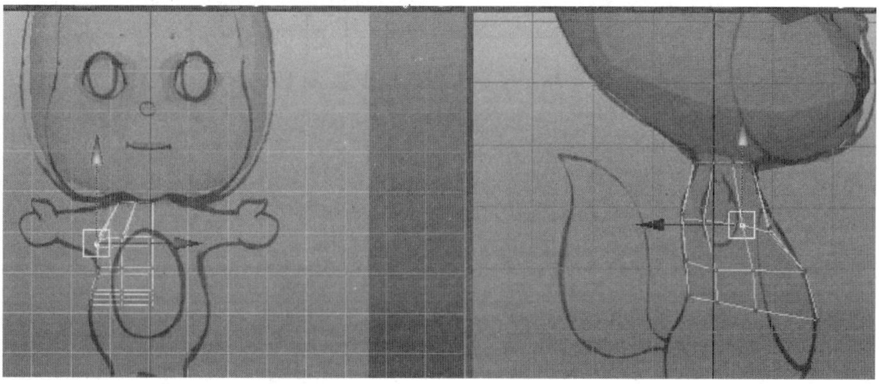

图 4-36　卡通人物建模步骤 36 图

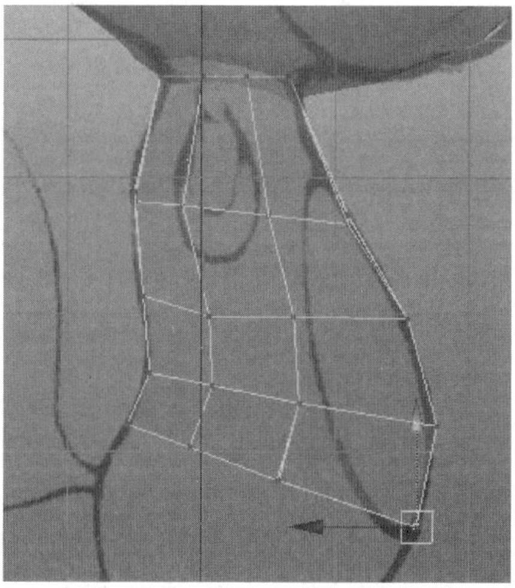

图 4-37　卡通人物建模步骤 37 图

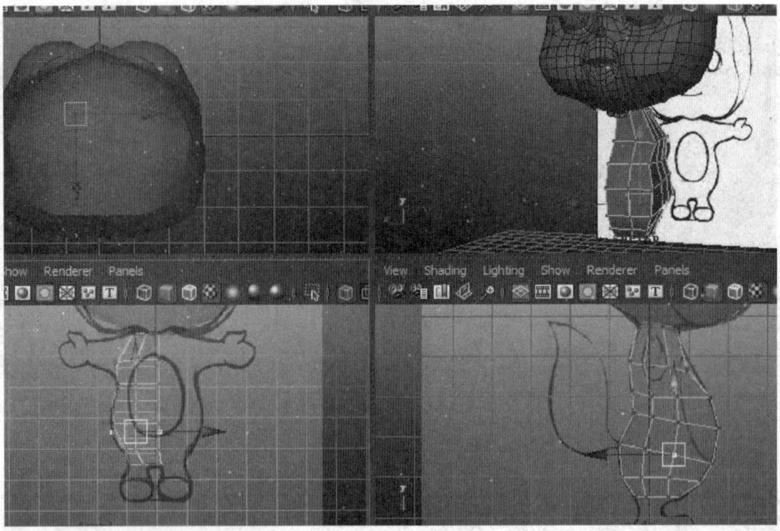

图 4-38　卡通人物建模步骤 38 图

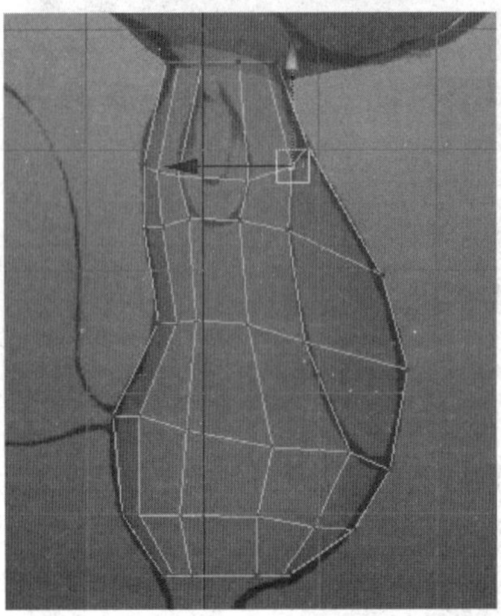

图 4-39　卡通人物建模步骤 39 图

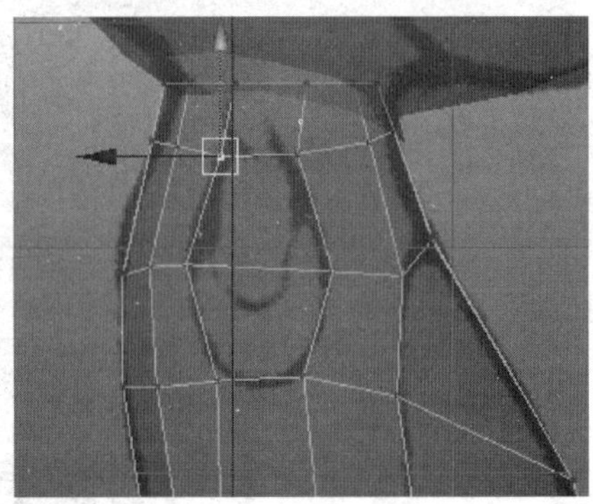

图 4-40　卡通人物建模步骤 40 图

(40) 在手臂处添加循环线并调整形状和布线，如图 4-40 所示。

(41) 选择手臂处的面，执行挤压命令，将手臂挤压成型，如图 4-41 所示。

(42) 多次执行挤压并调整布线，如图 4-42 所示。

(43) 继续调整形状和布线，如图 4-43 所示。

(44) 选择身体底部的面继续挤压，制作腿部，并调整布线，如图 4-44 所示。

(45) 选择手部的面，执行挤压命令，调整布线形成手部形状，如图 4-45 所示。

(46) 在手心和手背部分分别执行挤压命令，并调整布线至形体突出，布线均匀，如图 4-46 和图 4-47 所示。

(47) 选择卡通人物身体，执行 Edit|Duplicate Special，如图 4-48 所示。

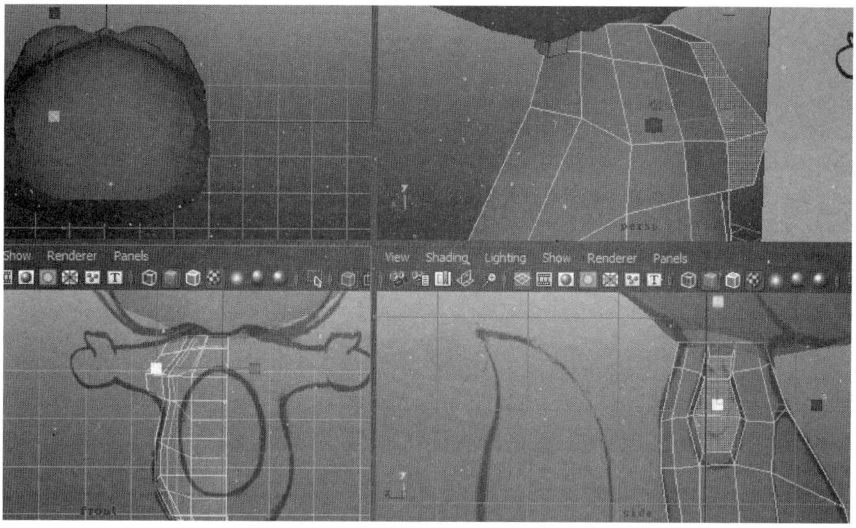

图 4-41 卡通人物建模步骤 41 图

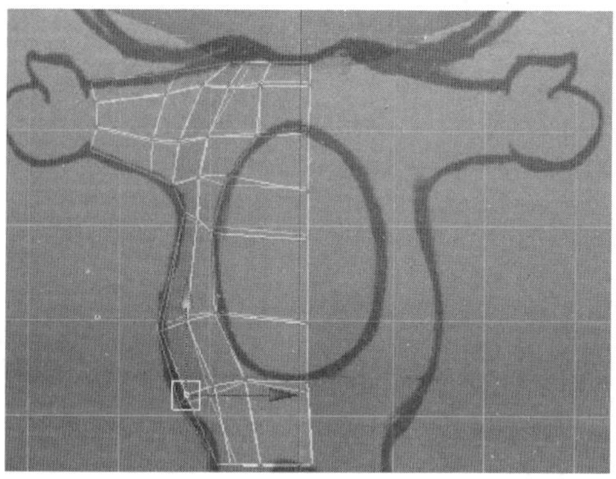

图 4-42 卡通人物建模步骤 42 图

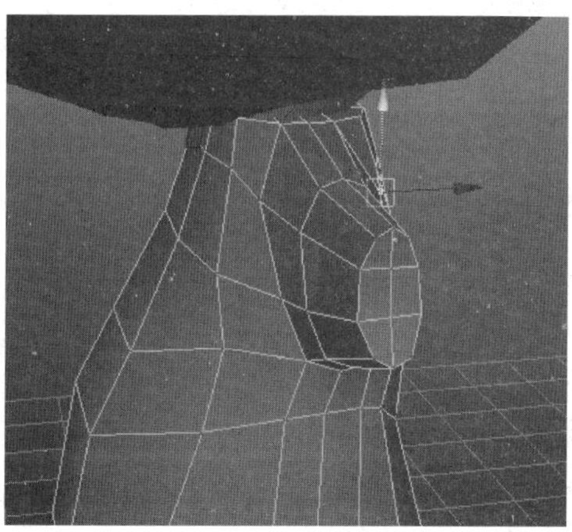

图 4-43 卡通人物建模步骤 43 图

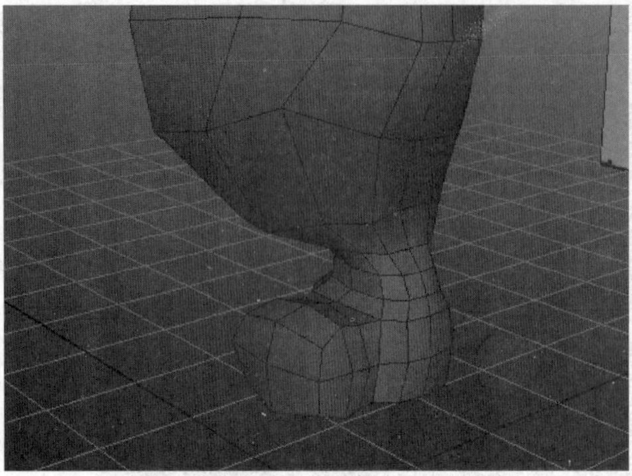

图 4-44　卡通人物建模步骤 44 图

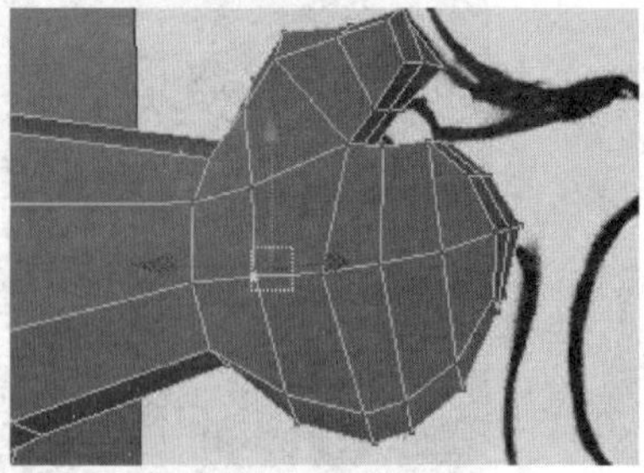

图 4-45　卡通人物建模步骤 45 图

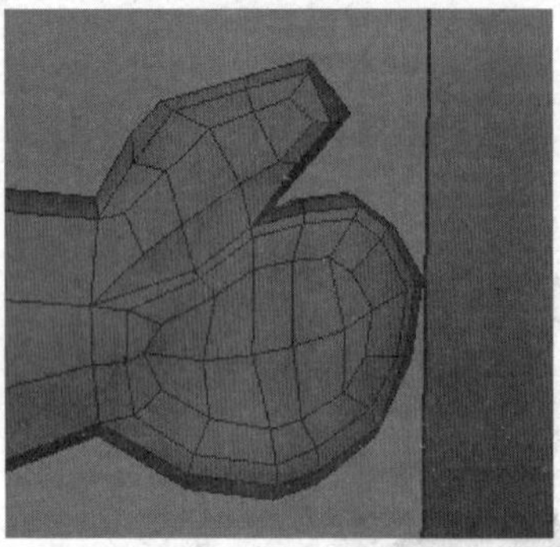

图 4-46　卡通人物建模步骤 46-1 图

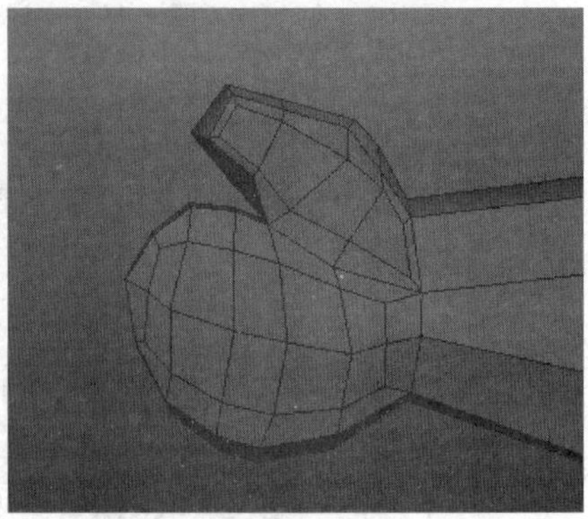

图 4-47　卡通人物建模步骤 46-2 图

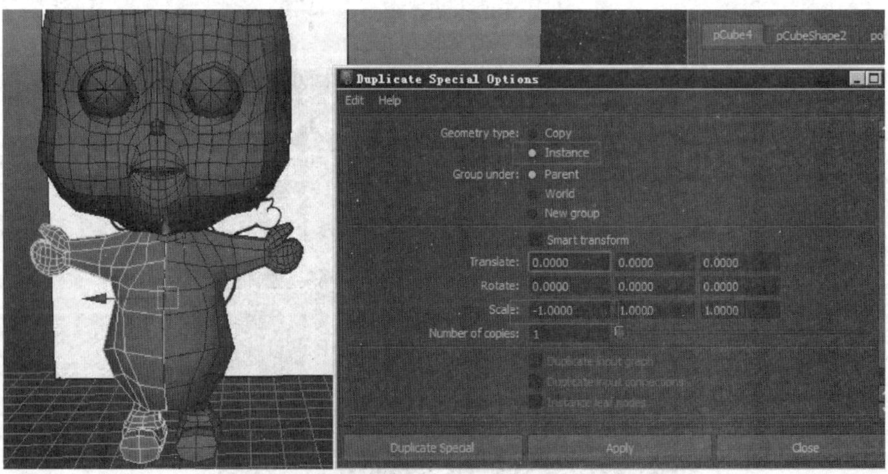

图 4-48　卡通人物建模步骤 47 图

(48) 选择身体部分,删除颈部多余的面,如图 4-49 所示。

(49) 使用快捷键 V(吸附到点),将身体部分的点和人物颈部的点契合,如图 4-50 所示。

图 4-49 卡通人物建模步骤 48 图

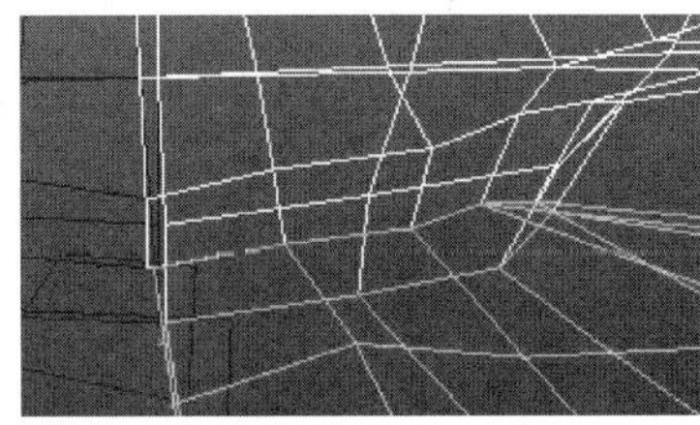

图 4-50 卡通人物建模步骤 49 图

(50) 按下 Shift 键加选卡通人物头部模型,执行 Mesh|Combine,将两部分建模结合为一个整体,如图 4-51 所示。

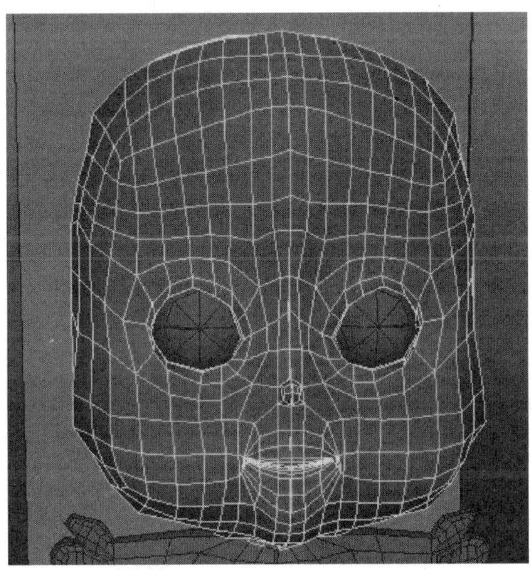

图 4-51 卡通人物建模步骤 50 图

(51) 执行 Display(显示)|Heads Up Disply|Poly Count(显示多边形具体数据),如图 4-52 所示。

(52) 选择模型接缝处的所有点,如图 4-53 所示。

(53) 执行 Edit Mesh|Merge(合并),点选后面的按钮 □,调整参数,单击 Apply,合并重合的点,使模型缝合简化,如图 4-54 所示。

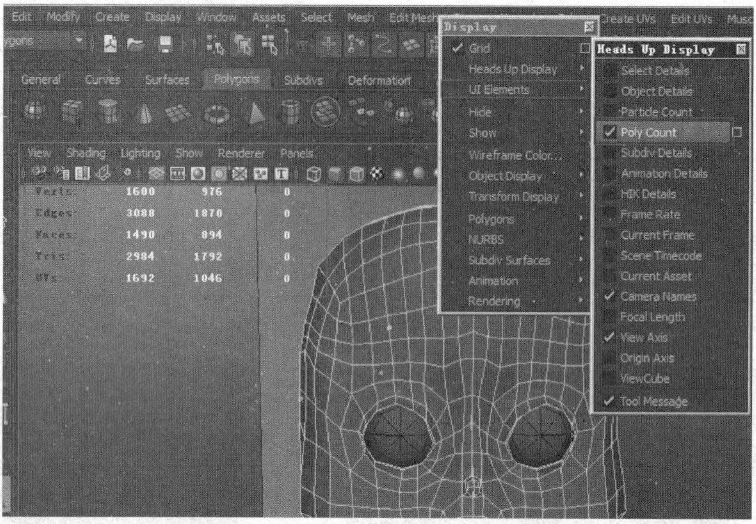

图 4-52　卡通人物建模步骤 51 图

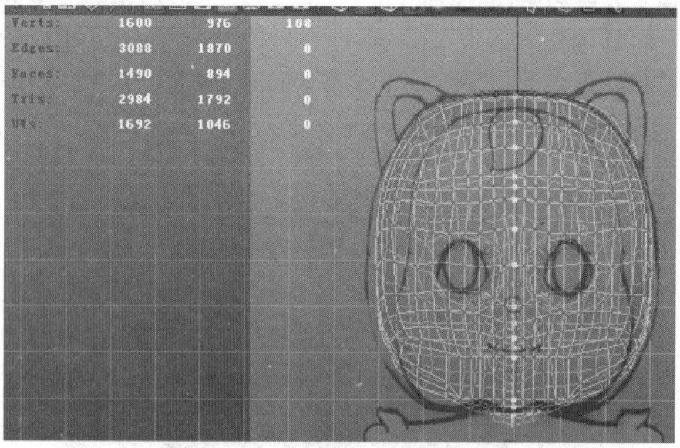

图 4-53　卡通人物建模步骤 52 图

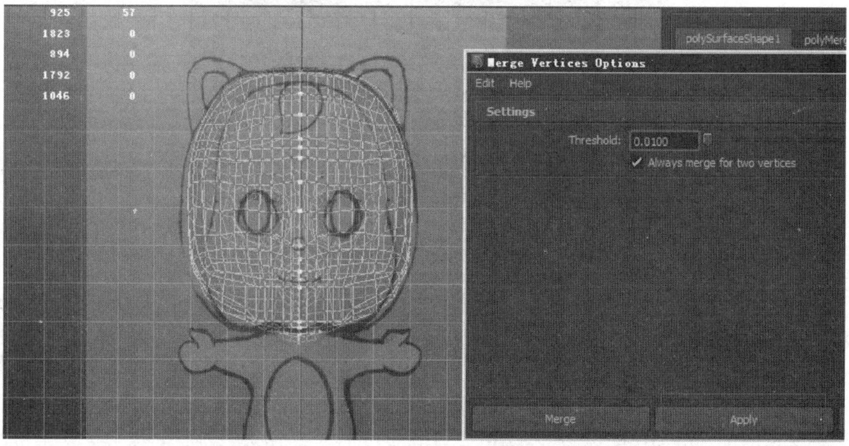

图 4-54　卡通人物建模步骤 53 图

（54）按下 Shift 键加选卡通人物身体模型，执行 Mesh|Combine，将两部分建模结合为一个整体，如图 4-55 所示。

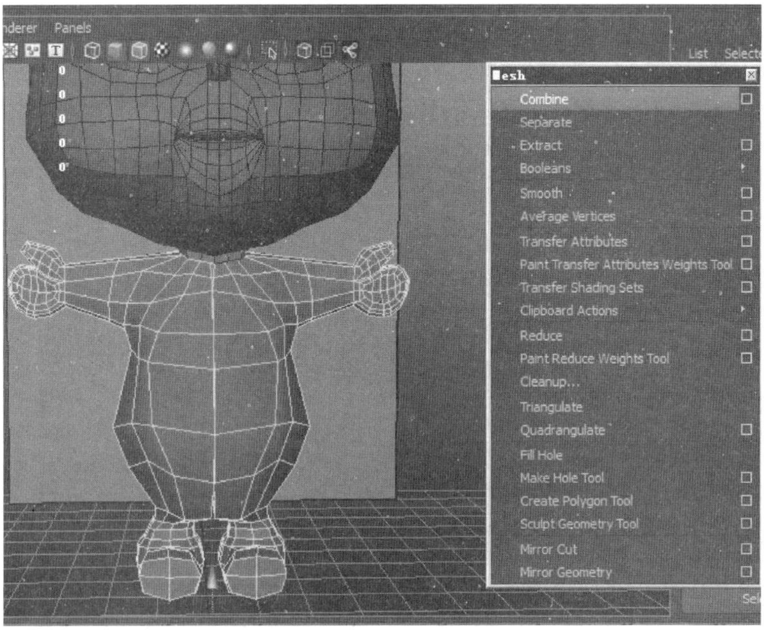

图 4-55 卡通人物建模步骤 54 图

（55）选择模型接缝处的所有点，如图 4-56 所示。

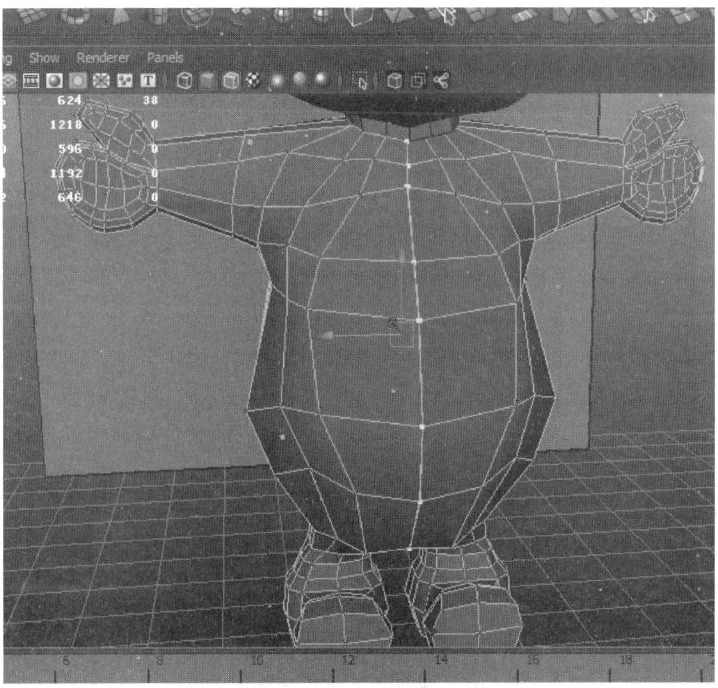

图 4-56 卡通人物建模步骤 55 图

(56) 执行 Edit Mesh|Merge(合并),单击按钮▣,调整参数,单击 Apply,合并重合的点,使模型缝合简化,如图 4-57 所示。

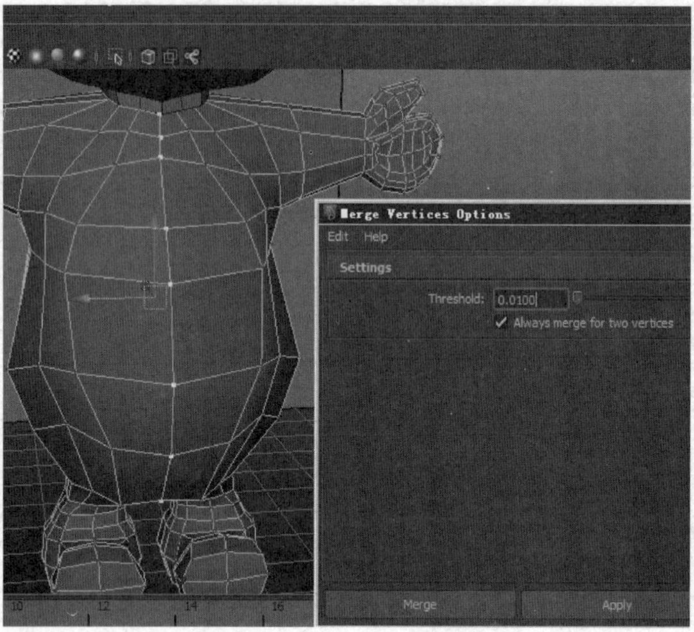

图 4-57　卡通人物建模步骤 56 图

(57) 按下 Shift 键,加选卡通人物身体和头部模型,执行 Mesh|Combine,将两部分建模结合为一个整体,如图 4-58 所示。

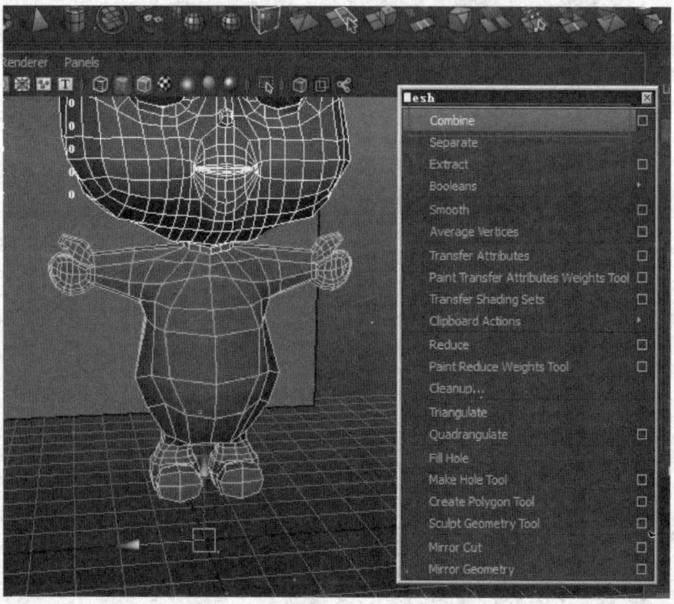

图 4-58　卡通人物建模步骤 57 图

（58）选择模型接缝处的所有点，如图 4-59 所示。

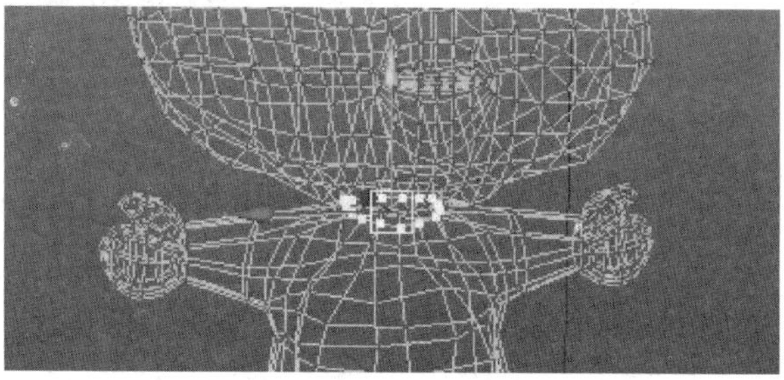

图 4-59　卡通人物建模步骤 58 图

（59）执行 Edit Mesh|Merge，单击按钮，调整参数，单击 Apply，合并重合的点，使模型缝合简化，如图 4-60 所示。

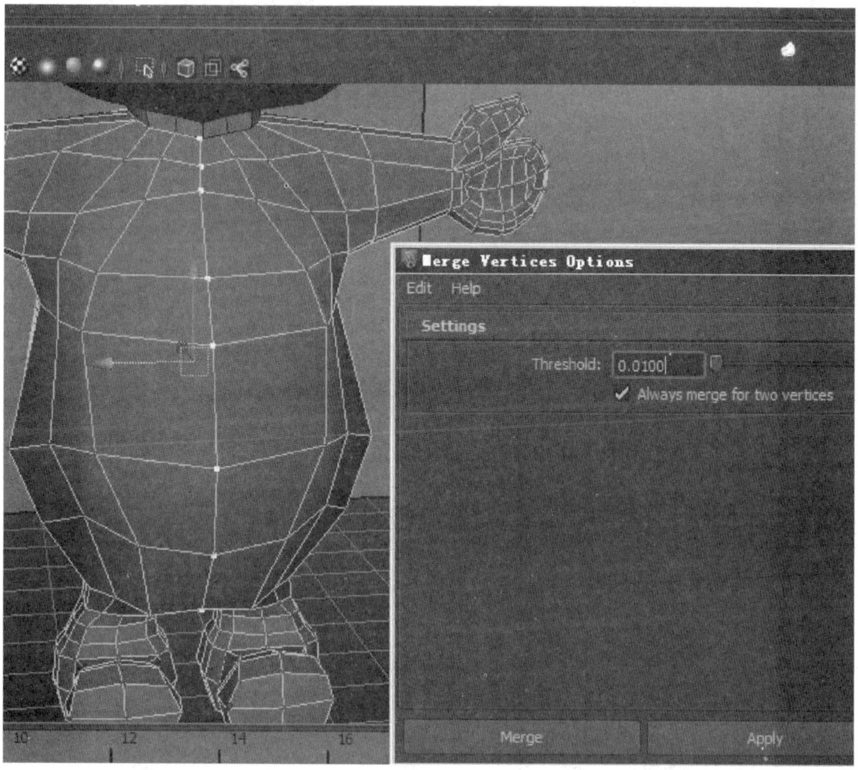

图 4-60　卡通人物建模步骤 59 图

（60）最后调整局部细节，执行 Mesh|Smooth，将模型细分数调为 1，完成模型平滑，如图 4-61 所示，完成卡通人物建模，如图 4-62 所示。

【任务拓展】

使用所学知识，制作一卡通人物，参考图如图 4-63 所示。

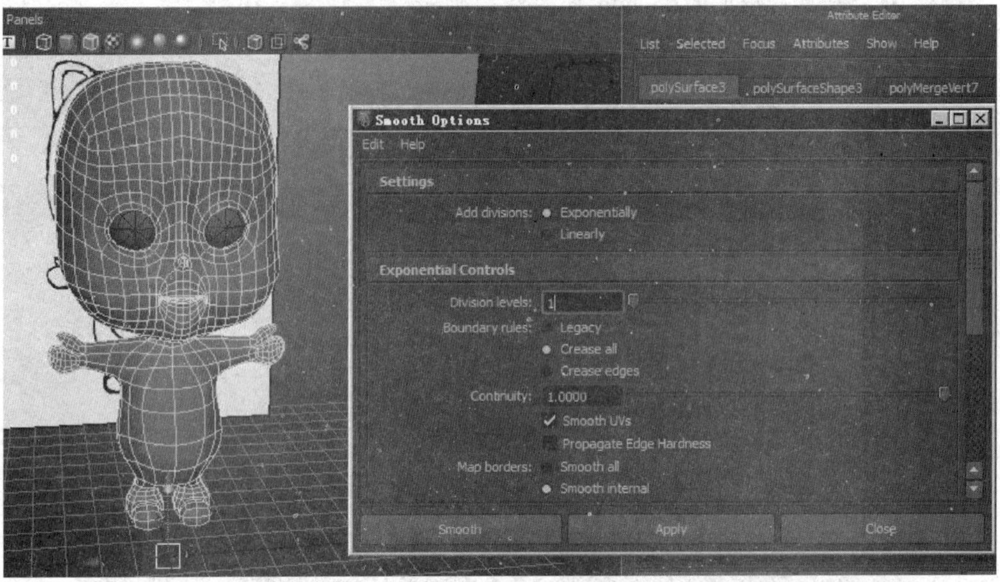

图 4-61　卡通人物建模步骤 60 图

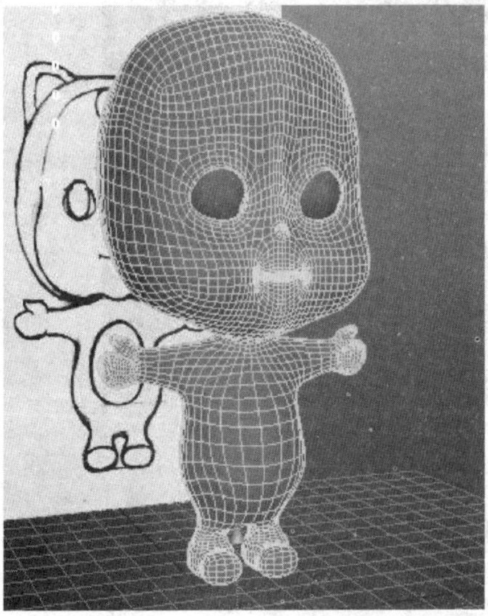

图 4-62　卡通人物建模完成图

图 4-63　卡通人物练习模型

【任务评价】

模块 4 评价表见表 4-1。

表 4-1　模块 4 评价表

模块 4 评价细则		自　评	教师评价
1	参考图导入与调整		
2	基本形体创建		
3	头部（眼睛、嘴巴）创建		
4	身体创建		
5	模型缝合调整平滑		
任务综合评价			

参考文献

[1] 陈恒. Maya 建模实践应用[M]. 第 2 版. 长沙:湖南大学出版社,2011.

[2] 杨迈. Maya 多边形建模基础[M]. 杭州:浙江大学出版社,2006.

[3] 杨庆钊. 突破平面 Maya 建模材质渲染深度剖析 [M]. 北京:清华大学出版社,2014.